世界遺産シリーズ

世界遺産フォトス

― 第2集　多様な世界遺産 ―

《 目　　次 》

☐自然遺産（Natural properties） *5*
　☐化石発掘地（Fossil sites） *11*
　☐生物圏保護区（Biosphere Reserves） *15*
　☐熱帯林（Tropical Forests） *21*
　☐生物地理地域（Biogeographical Regions） *25*

☐文化遺産（Cultural properties） *31*
　☐人類遺跡（Hominid sites） *39*
　☐産業遺産（Industrial properties） *43*
　☐文化的景観（Cultural landscapes） *49*
　☐岩画遺跡（Rock-art sites） *55*
　☐歴史都市（Historic cities and towns） *59*

☐複合遺産（Mixed properties） *65*

☐アフリカの世界遺産 *69*
☐アラブ諸国の世界遺産 *73*
☐アジア・太平洋の世界遺産 *79*
☐ヨーロッパ・北アメリカの世界遺産 *85*
☐ラテンアメリカ・カリブ海地域の世界遺産 *91*

☐先史時代 *97*
☐古代 *101*
☐中世 *105*
☐近代 *109*
☐現代 *113*

☐危機にさらされている世界遺産 *119*

資料・写真　提供 *123*

＜本書の特色と活用方法＞

　本書は、1999年8月に出版し好評であった「世界遺産フォトス－写真で見るユネスコの世界遺産－」の第2集です。1999年8月以降に登録された物件を中心に、生態系保護地域、生物地理地域、文化的景観や産業遺産などテーマ別のカテゴリー、そして、地域別、時代別の代表的な物件を写真資料で紹介しています。世界遺産の多様性を学ぶ資料として、第1集と共にご活用下さい。

＜ユネスコ世界遺産の登録基準＞

　世界遺産委員会が定める世界遺産の登録基準の概要は下記の通りです。

〔自然遺産の登録基準〕

(ⅰ) 地球の歴史上の主要な段階を示す顕著な見本であるもの。これには、生物の記録、地形の発達における重要な地学的進行過程、或は、重要な地形的、または、自然地理的特性などが含まれる。
(ⅱ) 陸上、淡水、沿岸、及び、海洋生態系と動植物群集の進化と発達において、進行しつつある重要な生態学的、生物学的プロセスを示す顕著な見本であるもの。
(ⅲ) もっともすばらしい自然的現象、または、ひときわすぐれた自然美をもつ地域、及び、美的な重要性を含むもの。
(ⅳ) 生物多様性の本来的保全にとって、もっとも重要かつ意義深い自然生息地を含んでいるもの。これには、科学上、または、保全上の観点から、すぐれて普遍的価値をもつ絶滅の恐れのある種が存在するものを含む。

〔文化遺産の登録基準〕

(ⅰ) 人類の創造的天才の傑作を表現するもの。
(ⅱ) ある期間を通じて、または、ある文化圏において、建築、技術、記念碑的芸術、町並み計画、景観デザインの発展に関し、人類の価値の重要な交流を示すもの。
(ⅲ) 現存する、または、消滅した文化的伝統、または、文明の、唯一の、または、少なくとも稀な証拠となるもの。
(ⅳ) 人類の歴史上重要な時代を例証する、ある形式の建造物、建築物群、技術の集積、または、景観の顕著な例。
(ⅴ) 特に、回復困難な変化の影響下で損傷されやすい状態にある場合における、ある文化（または、複数の文化）を代表する伝統的集落、または、土地利用の顕著な例。
(ⅵ) 顕著な普遍的な意義を有する出来事、現存する伝統、思想、信仰、または、芸術的、文学的作品と、直接に、または、明白に関連するもの。

自　然　遺　産

Jungfrau-Aletsch-Bietschhorn
（ユングフラウ，アレッチ，ビエッチホルン）
＜スイス＞
第25回世界遺産委員会ヘルシンキ会議　2001年登録
自然遺産（登録基準（i）(ii)(iii)）
（写真）西ユーラシアで最大・最長のアレッチ氷河

遺産種別（自然遺産）

Pyrenees-Mont Perdu（ピレネー地方ーペルデュー山）
ヨーロッパ最大の渓谷や北側斜面の氷河作用によって出来た圏谷を含む30639haに及ぶ地域は，太古からの山岳地形を形成している。
複合遺産　登録基準（自然（ⅰ）（ⅲ）　文化（ⅲ）（ⅳ）（ⅴ））
1997年／1999年　スペイン／フランス
（写真）オルデサ・モンテペルディド国立公園

Kilimanjaro National Park（キリマンジャロ国立公園）
赤道下の万年雪と氷河を頂く美しいコニーデ型のキリマンジャロ山（標高5895m）を中心に動植物の分布が変化する。
自然遺産（登録基準（ⅲ））　1987年　タンザニア

Volcanoes of Kamchatka（カムチャッカの火山群）
ユーラシアで最も高い活火山であるクリュチェフスカヤ山（4850m）火山は，円錐形であり，その斜面は，ほとんど雪と氷で覆われている。
自然遺産（登録基準（ⅰ）(ⅱ)(ⅲ)(ⅳ)）
1996年／2001年　ロシア連邦

Gunung Mulu National Park（ムル山国立公園）
カリマンタン（ボルネオ）島のサラワク州にある生物多様性に富んだカルスト地域。
自然遺産（登録基準（ⅰ)(ⅱ)(ⅲ)(ⅳ)）　2000年
マレーシア

遺産種別（自然遺産）

自然遺産

Shirakami-Sanchi（白神山地）
青森県，秋田県にまたがる広さ170km²におよぶ世界最大級の広大なブナ原生林。
自然遺産（登録基準（ii））　1993年　日本

Great Barrier Reef（グレートバリアリーフ）
クィーンズランド州の東岸，長さ2000km，面積35万km²，600の島がある世界最大のサンゴ礁。
自然遺産（登録基準（i）(ii)(iii)(iv)）　1981年　オーストラリア

遺産種別（自然遺産）

Canaima National Park（カナイマ国立公園）
ギアナ高地の世界屈指の秘境。テーブル・マウンティンから流れ落ちるアンヘルの滝は落差979mもある。
自然遺産（登録基準（ⅰ）(ⅱ)(ⅲ)(ⅳ)）　1994年
ヴェネズエラ

Brazilian Atlantic Islands:Fernando de Noronha and Atol das Rocas Reserves
（ブラジルの大西洋諸島:フェルナンド・デ・ノロニャとロカス環礁保護区）
多島と環礁からなるこの一帯の海は，鮪，鮫，海亀，海鳥などの繁殖地や生育地として，きわめて重要な地域。
自然遺産（登録基準（ⅱ）(ⅲ)(ⅳ)）
2001年　ブラジル

化 石 発 掘 地

Dorset and East Devon Coast
（ドーセットと東デボン海岸）
＜イギリス＞
第25回世界遺産委員会ヘルシンキ会議　2001年登録
自然遺産（登録基準（ⅰ））
（写真）アンモナイトや三葉虫の化石などに特色がある
デボン紀の名前の発祥となった東デボン海岸

遺産種別（自然遺産）

化石発掘地

Messel Pit Fossil Site（メッセル・ピット化石発掘地）
5700万年から3600万年前の新生代始新世前期の生活環境を
理解する上で最も重要な化石発掘地。ここの地層はメッセ
ル層と呼ばれている。
自然遺産（登録基準（ⅰ））　1995年　ドイツ

Australian Fossil Mammal Sites（Riversleigh/Naracoorte）
（リバースリーとナラコーテの哺乳類の化石保存地区）
哺乳類の進化に関する重要な化石を提供する2つの地域を
併せて登録。リバースリーでは，2500万～500万年前の化
石が出土している。（写真）リバースリー
自然遺産（登録基準（ⅰ）（ⅱ））　1994年　オーストラリア

遺産種別（自然遺産）

化石発掘地

Miguasha Park（ミグアシャ公園）
「魚類の時代」と呼ばれる新古生代のデボン紀の世界で最も顕著な化石発掘地。これらの化石は，自然歴史博物館に展示されている。
自然遺産（登録基準（ⅰ）） 1999年 カナダ

世界遺産に登録されている化石発掘地

- ローレンツ国立公園（インドネシア）
- **ウィランドラ湖沼群地帯**（オーストラリア P.41）
- シャーク湾（オーストラリア）
- **リバースリーとナラコーテの哺乳類の化石保存地区**（オーストラリア P.12）
- **ドーセットと東デボン海岸**（イギリス P.11）
- **メッセル・ピット化石発掘地**（ドイツ P.12）
- ツルカナ湖の国立公園群（ケニア）
- ダイナソール州立公園（カナダ）
- **カナディアン・ロッキー山脈公園**（カナダ P.25）
- **ミグアシャ公園**（カナダ P.13）
- グランド・キャニオン国立公園（アメリカ合衆国）
- マンモスケーブ国立公園（アメリカ合衆国）

太字の物件は本書に掲載のもので，ページはその掲載ページを示す。

13

生物圏保護区

Central Sikhote-Alin
(中央シホテ・アリン)
＜ロシア＞
第25回世界遺産委員会ヘルシンキ会議　2001年登録
自然遺産（登録基準（ⅳ））
（写真）原始のままのタイガの針葉樹森と広葉樹林が印象的

遺産種別（自然遺産）

生物圏保護区

Belovezhskaya Pushcha/Bialowieza Forest（ビャウォヴィエジャ国立公園／ベラベジュスカヤ・プッシャ国立公園）
ポーランドの東部とベラルーシの西部の国境をまたいで広がる面積930km²のヨーロッパ最大の森林。絶滅しかかっていたヨーロッパ・バイソンを動物園から移植して繁殖に成功し、現在は、約300頭が生息している。
自然遺産（登録基準（ⅲ））　1979年／1992年
ポーランド／ベラルーシ

Serengeti National Park（セレンゲティ国立公園）
キリマンジャロの麓に広がる面積14763km²のサバンナ地帯。セレンゲティ平原を象徴するヌーの季節的大移動は壮観。
自然遺産（登録基準（ⅲ）（ⅳ））　1981年　タンザニア

遺産種別（自然遺産）

生物圏保護区

Tubbataha Reef Marine Park（トゥバタハ岩礁海洋公園）
フィリピンの南西，スールー海と南シナ海の間に北東から南西にあるパラワン島の東海域にある大小2つの岩礁を中心に東南アジア最大の珊瑚礁が広がる国立海中公園。
自然遺産（登録基準（ii）（iii）（iv））1993年　フィリピン

Tasmanian Wilderness（タスマニア森林地帯）
氷河の作用によってできたU字谷など特異な自然景観を誇る。タスマニアデビルなどの固有種も多い。
複合遺産　登録基準(自然（i）（ii）（iii）（iv）文化（iii）（iv）（vi））
1982年／1989年　オーストラリア

17

遺産種別（自然遺産）

生物圏保護区

Everglades National Park（エバーグレーズ国立公園）
フロリダ半島の南部，オキチョビ湖の南方に広がり，1976年にユネスコMAB生物圏保護区，1987年にラムサール条約の登録湿地に指定されている。
自然遺産（登録基準（ⅰ）（ⅱ）（ⅳ））1979年
★【危機遺産】1993年　アメリカ合衆国

Whale Sanctuary of El Vizcaino
（エル・ヴィスカイノの鯨保護区）
巨大なコククジラが交尾と出産を行う貴重な繁殖地として，鯨のサンクチュアリーになっている。
自然遺産（登録基準（ⅳ））　　1993年　メキシコ

遺産種別（自然遺産）

生物圏保護区

Yakushima（屋久島）
樹齢7200年といわれる縄文杉を含む1000年を超す天然杉の原始林、亜熱帯林から亜寒帯林に及ぶ植物が、海岸線から山頂まで垂直分布している。クス、カシ、シイなどが美しい常緑広葉樹林（照葉樹林）は世界最大規模。
自然遺産（登録基準（ⅱ）（ⅲ））　1993年　日本

世界遺産リストに登録されている主な生物圏保護区

タッシリ・ナジェール（アルジェリア　P.57）、イシュケウル国立公園（チュニジア）、ジャ・フォナル自然保護区（カメルーン）、ケニア山国立公園／自然林（ケニア）、ニオコロ・コバ国立公園（セネガル）、**ンゴロンゴロ保全地域**（タンザニア　P.40）、**セレンゲティ国立公園**（タンザニア　P.16）、**ニンバ山厳正自然保護区**（ギニア・コートジボアール　P.22）、タイ国立公園（コートジボアール）、コモエ国立公園（コートジボアール）、**タスマニア森林地帯**（オーストラリア　P.17）、W国立公園（ニジェール）、アイルとテネレの自然保護区（ニジェール）、シンハラジャ森林保護区（スリランカ）、コモド国立公園（インドネシア）、**アンコール**（カンボジア　P.79）、**トゥバタハ岩礁海洋公園**（フィリピン　P.17）、九寨溝の自然景観および歴史地区（中国）、**屋久島**（日本　P.19）、ウルル・カタジュタ国立公園（オーストラリア）、マックォーリー島（オーストラリア）、ポンペイ、エルコラーノ、トッレ・アヌンツィアータの考古学地域（イタリア）、ペストゥムとヴェリアの考古学遺跡とパドゥーラの僧院があるチレントとディアーナ渓谷国立公園（イタリア）、ドニャーナ国立公園（スペイン）、**ピレネー地方ペルデュー山**（スペイン・フランス　P.6）、セントキルダ島（イギリス）、**ビャウォヴィエジャ国立公園／ベラベジュスカヤ・プッシャ国立公園**（ベラルーシ・ポーランド　P.16）、ピリン国立公園（ブルガリア）、スレバルナ自然保護区（ブルガリア）、アッガテレクとスロヴァキア・カルストの洞窟群（ハンガリー・スロヴァキア）、ドゥルミトル国立公園（ユーゴスラヴィア）、ドナウ三角州（ルーマニア）、バイカル湖（ロシア）、**カムチャッカの火山群**（ロシア　P.7）、**中央シホテ・アリン**（ロシア　P.15）、レッドウッド国立公園（アメリカ合衆国）、イエローストーン（アメリカ合衆国）、**エバーグレーズ国立公園**（アメリカ合衆国　P.18）、オリンピック国立公園（アメリカ合衆国）、グレートスモーキー山脈国立公園（アメリカ合衆国）、**ハワイ火山国立公園**（アメリカ合衆国　P.28）、マンモスケープ国立公園（アメリカ合衆国）、クルエーン／ランゲルーセントエライアス／グレーシャーベイ／タッシェンシニ・アルセク（カナダ・アメリカ合衆国）、ウォータートン・グレーシャー国際平和公園（カナダ・アメリカ合衆国）、**シアン・カアン**（メキシコ　P.23）、**エル・ヴィスカイノの鯨保護区**（メキシコ　P.18）、サン・フランシスコ山地の岩絵（メキシコ）、ダリエン国立公園（パナマ）、タラマンカ地方ーラ・アミスタッド保護区群／ラ・アミスタッド国立公園（コスタリカ・パナマ）、ティカル国立公園（グアテマラ）、リオ・プラターノ生物圏保護区（ホンジュラス）、ガラパゴス諸島（エクアドル）、ワスカラン国立公園（ペルー）、マヌー国立公園（ペルー）

太字の物件は本書に掲載のもので、ページはその掲載ページを示す。

19

熱 帯 林

Wet Tropics of Queensland
(クィーンズランドの湿潤熱帯地域)
＜オーストラリア＞
第12回世界遺産委員会ブラジリア会議　1988年登録
自然遺産（登録基準（ⅰ）（ⅱ）（ⅲ）（ⅳ））

遺産種別（自然遺産）

熱帯林

Mount Nimba Strict Nature Reserve
（ニンバ山厳正自然保護区）
ニンバ山を中心にマホガニーなど原始の広大な密林が広がり、固有のネズミ科の哺乳類や珍しい昆虫類、貴重な地衣類、真菌類、コケ類などの植物も豊富。鉄鉱山開発、難民流入などの理由により1992年に危機遺産に登録された。
自然遺産（登録基準（ii）(iv)）　1981年/1982年
★【危機遺産】1992年　ギニア／コートジボワール

Puerto-Princesa Subterranean River National Park
（プエルト・プリンセサ地底川国立公園）
パラワン島にあるエコ・ツーリズムの秘境。
自然遺産（登録基準（iii）(iv)）　1999年　フィリピン

遺産種別（自然遺産）

Sian Ka'an（シアン・カアン）
カリブ海大環礁の支脈でもある珊瑚礁、岸辺の広大なラグーン（潟）、背後の熱帯雨林からなる。シアン・カアンは、マヤ語で「天空の根源」を意味する。
自然遺産（登録基準（ⅲ）(ⅳ)）　1987年　メキシコ

熱帯林

世界遺産リストに登録されている主な熱帯林

カカドゥ国立公園（オーストラリア）、**クィーンズランドの湿潤熱帯地域**（オーストラリア P.21）、サンダーバンズ（バングラデシュ）、ブラジルが発見された**大西洋岸森林保護区**（ブラジル）、**大西洋森林東南保護区**（ブラジル P.29）、ジャ・フォナル自然保護区（カメルーン）、ロス・カティオス国立公園（コロンビア）、**グアナカステ保全地域**（コスタリカ P.92）、タラマンカ地方ーラ・アミスタッド保護区群／ラ・アミスタッド国立公園（コスタリカ・パナマ）、タイ国立公園（コートジボアール）、コモエ国立公園（コートジボアール）、**ニンバ山厳正自然保護区**（コートジボアール・ギニア P.22）、ヴィルンガ国立公園（コンゴ民主共和国）、カフジ・ビエガ国立公園（コンゴ民主共和国）、サロンガ国立公園（コンゴ民主共和国）、オカピ野生動物保護区（コンゴ民主共和国）、トロア・ピトン山国立公園（ドミニカ国）、**サンガイ国立公園**（エクアドル P.121）、ティカル国立公園（グアテマラ）、リオ・プラターノ生物圏保護区（ホンジュラス）、マナス野生動物保護区（インド）、スンダルバンス国立公園（インド）、ウジュン・クロン国立公園（インドネシア）、ローレンツ国立公園（インドネシア）、ケニア山国立公園／自然林（ケニア）、ベマラハ厳正自然保護区のチンギ（マダガスカル）、**シアン・カアン**（メキシコ P.23）、ダリエン国立公園（パナマ）、**マチュ・ピチュの歴史保護区**（ペルー P.91）、マヌー国立公園（ペルー）、リオ・アビセオ国立公園（ペルー）、**プエルト・プリンセサ地底川国立公園**（フィリピン P.22）、ニオコロ・コバ国立公園（セネガル）、バレ・ドゥ・メ自然保護区（セイシェル）、**グレーター・セント・ルシア湿原公園**（南アフリカ P.26）、シンハラジャ森林保護（スリランカ）、トゥンヤイ・ファイ・カ・ケン野生生物保護区（タイ）、ブウィンディ国立公園（ウガンダ）、ルウェンゾリ山地国立公園（ウガンダ）、セルース動物保護区（タンザニア）、**カナイマ国立公園**（ヴェネズエラ P.9）

　太字の物件は本書に掲載のもので、ページはその掲載ページを示す。

23

生物地理地域

Canadian Rocky Mountain Parks
(カナディアン・ロッキー山脈公園)
＜カナダ＞
第8回世界遺産委員会ブエノスアイレス会議　1984年登録
自然遺産（登録基準（ⅰ）（ⅱ）（ⅲ））
Nearctic Realm

遺産種別（自然遺産）

Palaearctic Realm

Laurisilva of Madeira（マデイラのラウリシールヴァ）
大西洋のマデイラ諸島のひとつマデイラ島は、「大西洋の真珠」といわれる火山島で、年中花が絶えないラウリシールヴァ＜月経樹林＞（写真）が印象的。
自然遺産（登録基準（ⅱ）(ⅳ)）　1999年　ポルトガル

Africotropical Realm

Greater St.Lucia Wetland Park
（グレーター・セント・ルシア湿原公園）
湿地帯を含む変化に富んだ地形や生物学的にも注目される生態系の連鎖が見られる。
自然遺産（登録基準（ⅱ）(ⅲ)(ⅳ)）　1999年　南アフリカ

遺産種別(自然遺産)

Indomalayan Realm

Kinabalu Park(キナバル公園)
東南アジアの最高峰を誇る4095mのキナバル山と共に熱帯雨林から高山帯まで移行する気候変化、及び、カリマンタン島に生息する絶滅の危機に瀕する種を含む哺乳類・鳥類・両生類・無脊椎動物が生息する。
自然遺産(登録基準(ⅱ)(ⅳ))　2000年　マレーシア

Australian Realm

Greater Blue Mountains Area
(グレーター・ブルー・マウンテンズ地域)
約100万年前の鮮新世に隆起してできた緑の渓谷。世界のユーカリの13%がここに生息し、その種は90種にも及ぶ。
自然遺産(登録基準(ⅱ)(ⅳ))　2000年　オーストラリア

生物地理地域

遺産種別（自然遺産）

Oceanian Realm

Hawaii Volcanoes National Park（ハワイ火山国立公園）
世界で最も激しい火山活動を続ける2つの火口をもつキラウエア山などの活火山が噴煙を上げ，真っ赤な熔岩を押し出す。火山性植物の植性はほとんどが固有種で，貴重。
自然遺産（登録基準（ⅱ））　1987年　アメリカ合衆国

Antarctic Realm

Tongariro National Park（トンガリロ国立公園）
ニュージランドの北島の中央部に広がる広大な公園。先住民マオリ族の聖地でもあることから複合遺産となった。
複合遺産　登録基準（自然（ⅱ）(ⅲ)　文化（ⅵ））
1990年／1993年　ニュージーランド

遺産種別（自然遺産）

Neotropical Realm

Atlantic Forest Southeast Reserves
（大西洋森林南東保護区）
深い森に覆われた山々から低地の湿地帯まで、さらに沿岸に浮かぶ島々には山がそびえ、砂丘が続く。
自然遺産（登録基準（ii）(iii)(iv)） 1999年 ブラジル
（写真）針葉樹の松科の植物であるパラナー松

世界遺産リストに登録されている主な生物地理地域

Nearctic Realm
カナディアン・ロッキー山脈公園（カナダ P.25）、グロスモーン国立公園（カナダ）、ミグアシャ公園（カナダ P.13）、ダイナソール州立公園（カナダ）、イエローストーン（アメリカ合衆国）、グランド・キャニオン国立公園（アメリカ合衆国）、ヨセミテ国立公園（アメリカ合衆国 P.89）、エル・ヴィスカイノの鯨保護区（メキシコ P.18）など

Palaearctic Realm
ハイ・コースト（スウェーデン）、マデイラのラウリシールヴァ（ポルトガル P.26）、ヒエラポリスとパムッカレ（トルコ）、サガルマータ国立公園（ネパール）、中央シホテ・アリン（ロシア P.19）、武夷山（中国 P.65）、白神山地（日本 P.8）、屋久島（日本 P.19）など

Africotropical Realm
タイ国立公園（コートジボアール）、サロンガ国立公園（コンゴ民主共和国）、マノボ・グンダ・サンフローリス国立公園（中央アフリカ）、W国立公園（ニジェール）、セレンゲティ国立公園（タンザニア P.16）、ヴィクトリア瀑布（ザンビア・ジンバブエ P.69）、グレーター・セント・ルシア湿原公園（南アフリカ P.26）など

Indomalayan Realm
サンダーバンズ（バングラデシュ）、ハー・ロン湾（ヴェトナム）、バレ・ドゥ・メ自然保護区（セイシェル）、コモド国立公園（インドネシア）、ウジュン・クロン国立公園（インドネシア）、キナバル公園（マレーシア P.27）、プエルト・プリンセサ地底川国立公園（フィリピン P.22）など

Oceanian Realm
イースト・レンネル（ソロモン諸島）、ハワイ火山国立公園（アメリカ合衆国 P.28）、ロードハウ諸島（オーストラリア）など

Australian Realm
グレートバリアリーフ（オーストラリア P.8）、カカドゥ国立公園（オーストラリア）、グレーター・ブルー・マウンテンズ地域（オーストラリア P.27）など

Antarctic Realm
トンガリロ国立公園（ニュージーランド P.28）、テ・ワヒポウナム（ニュージーランド）、ゴフ島野生生物保護区（イギリス領）、ハード島とマクドナルド諸島（オーストラリア P.83）、マックォーリー島（オーストラリア）など

Neotropical Realm
ティカル国立公園（グアテマラ）、ダリエン国立公園（パナマ）、パンタナル自然保護区（ブラジル）、大西洋森林南東保護区（ブラジル P.29）、リオ・アビセオ国立公園（ペルー）など

太字の物件は本書に掲載のもので、ページはその掲載ページを示す。

生物地理地域

文 化 遺 産

Cologne Cathedral
（ケルン大聖堂）
＜ドイツ＞
第20回世界遺産委員会メリダ会議　1996年登録
文化遺産（登録基準（ⅰ）（ⅱ）（ⅳ））
（写真）ライン川に架かるホーエン・ツォレルン橋の向こうに見えるのがケルン大聖堂

遺産種別（文化遺産）

Archaelogical Sites of Mycenae and Tiryns
（ミケーネとティリンスの考古学遺跡）
シュリーマンの発掘によって明らかにされた紀元前15〜13世紀頃に栄えたミケーネ文明の中心地。
文化遺産（登録基準（ⅰ）(ⅱ)(ⅲ)(ⅳ)(ⅵ)）　1999年　ギリシャ

Assisi, the Basilica of San Francesco and Other Franciscan Sites
（アッシジの聖フランチェスコのバシリカとその他の遺跡群）
ペルージャの東南約25km、スバシオ山の麓の丘に建つ聖フランチェスコゆかりの聖地。
文化遺産（登録基準（ⅰ)(ⅱ)(ⅲ)(ⅳ)(ⅵ)）2000年　イタリア

遺産種別（文化遺産）

Masada National Park（マサダ国立公園）
死海西岸の絶壁上にある台地。マサダという名前は，アラム語のハ・メサド（要塞）に由来する。台地の周囲にはローマ軍の陣営の遺跡が点在する。
文化遺産（登録基準（ⅲ）（ⅳ）（ⅵ））
2001年　イスラエル

Nubian Monuments from Abu Simbel to Philae
（アブ・シンベルからフィラエまでのヌビア遺跡群）
ユネスコによる世界的なヌビア遺跡群の救済運動を通じて，今日の「世界遺産」の概念が具体的になった。
文化遺産（登録基準（ⅰ）（ⅲ）（ⅵ））　1979年　エジプト

遺産種別（文化遺産）

Samarkand - Crossroads of Cultures
（サマルカンド－文明の十字路）
中央アジア最古の都市でシルクロードのオアシス都市として発展した。
文化遺産（登録基準（ⅰ）（ⅱ）（ⅳ））
2001年　ウズベキスタン

Tombs of Buganda Kings at Kasubi
（カスビのブガンダ王族の墓）
15世紀には，現在の首都カンパラを都とする「ブガンダ王国」が形成され，19世紀に隆盛を極めた。1880年代以来，歴代ブガンダ王の埋葬の場所となっている。
文化遺産（登録基準（ⅰ）（ⅲ）（ⅳ）（ⅵ））2001年　ウガンダ

文化遺産

遺産種別（文化遺産）

Longmen Grottoes（龍門石窟）
河南省洛陽の南14kmにある仏教石窟群。敦煌の莫高窟、大同の雲崗石窟と共に中国三大石窟に数えられている。
文化遺産（登録基準（ⅰ）（ⅱ）（ⅲ））　2000年　中国

Sokkuram Grotto and Pulguksa Temple
（石窟庵と仏国寺）
仏国寺は、慶州郊外にある吐含山の麓にあり、新羅時代に栄えた仏教文化の集大成といわれる寺院。
文化遺産（登録基準（ⅰ）（ⅳ））　1995年　韓国

文化遺産

35

遺産種別（文化遺産）

Gusuku Sites and Related Properties of the Kingdom of Ryukyu（琉球王国のグスク及び関連遺産群）
琉球が王国への統一に動き始める14世紀後半から、王国が確立した後の18世紀末にかけて生み出された琉球地方独自の特徴を表す文化遺産群。沖縄では、「城」と書いて「グスク」と読む。
文化遺産（登録基準（ⅱ）（ⅲ）（ⅵ））　2000年　日本
（写真）座喜味城跡

Mesa Verde（メサヴェルデ）
コロラド州の南西端にあるアメリカ先住民の集落遺跡。「メサヴェルデ」は、スペイン語で「緑豊かな大地」という意味。
文化遺産（登録基準（ⅲ））　1978年　アメリカ合衆国

遺産種別（文化遺産）

Historic Centre of Santa Ana de los Rios de Cuenca
（クエンカ歴史地区）
1557年にスペインの植民都市として建設された。スペインのクエンカの都市名に由来する。
文化遺産（登録基準（ⅱ）(ⅳ)(ⅴ)）　1999年
エクアドル

Jesuit Block and Estancias of Cordoba
（コルドバのイエズス会街区と領地）
コルドバの都市づくりは，1573年から1767年までのイエズス会の活動期に形成され，その後，学問，文化の中心地として発展した。
文化遺産（登録基準（ⅱ）(ⅳ)）　2000年　アルゼンチン

人 類 遺 跡

Peking Man Site at Zhoukoudian
（周口店の北京原人遺跡）
＜中国＞
第11回世界遺産委員会パリ会議　1987年登録
文化遺産（登録基準（ⅲ）（ⅵ））

遺産種別（文化遺産）

Lower Valley of the Awash（アワッシュ川下流域）
約400万年前の猿人アウストラロピテクス・アファレンシスの骨が発掘され、「エチオピアは人類発祥の地」説が生まれ、脚光を浴びた。
文化遺産（登録基準（ⅱ）（ⅲ）（ⅳ））　1980年　エチオピア

（参考）
Ngorongoro Conservation Area（ンゴロンゴロ保全地域）
自然遺産で登録されているが、ンゴロンゴロ保全地域内のオルドゥヴァイ峡谷（写真）では、アウストラロピテクス・ボイセイやホモ・ハビリスなど直立歩行をした人類の頭蓋骨が出土している。（収蔵）タンザニア国立博物館
タンザニア

人類遺跡

遺産種別（文化遺産）

Willandra Lakes Region（ウィランドラ湖沼群地帯）
約1.5万年前の急激な温暖化により乾燥湖となった砂漠地帯で，ここで，人類の祖先であるホモ・サピエンスの骨をはじめ，石器，石臼，貝塚，墓などの人類の遺跡が数多く発掘された。なかでも，人類最古といわれる火葬場が発見されたことで，世界的に一躍有名になった。
複合遺産　登録基準（自然（ⅰ）　文化（ⅲ））1981年
オーストラリア

世界遺産リストに登録されている人類遺跡

- **ウィランドラ湖沼群地帯**（オーストラリア　P.41）
- **周口店の北京原人遺跡**（中国　P.39）
- **アワッシュ川下流域**（エチオピア　P.40）
- オモ川下流域（エチオピア）
- サンギラン初期人類遺跡（インドネシア）
- ツルカナ湖の国立公園群（ケニア）
- スタークフォンテン，スワークランズ，クロムドラーイと周辺の人類化石遺跡（南アフリカ）
- **ンゴロンゴロ保全地域**（タンザニア　P.40）

太字の物件は本書に掲載のもので，ページはその掲載ページを示す。

人類遺跡

産 業 遺 産

Derwent Valley Mills（ダウエント渓谷の工場）
＜イギリス＞
第25回世界遺産委員会ヘルシンキ会議　2001年登録
文化遺産（登録基準（ⅱ）（ⅳ））
水力紡績機を発明したリチャード・アークライト（1732〜92年）によって
綿紡績の新技術が取り入れられ近代の工場システムが確立された。

遺産種別(文化遺産)

New Lanark(ニュー・ラナーク)
イギリスの社会主義者,社会運動家として有名なロバート・オーウェンが,1800年につくった綿紡績工場があった。
文化遺産(登録基準(ii)(iv)(vi)) 2001年
イギリス

Ir.D.F.Woudagemaal(D.F.Wouda Steam Pumping Station)
(Ir.D.F.ウォーダヘマール(D.F.ウォーダ蒸気揚水ポンプ場))
技術設計者Dirk Frederik Woudaの名前をたたえる蒸気揚水ポンプ場は,オランダの水との戦いの記念碑ともいえる産業遺産。
文化遺産(登録基準(i)(ii)(iv)) 1998年 オランダ

産業遺産

Semmering Railway(センメリング鉄道)
切り立った岩壁と深い森や谷を縫って走る山岳鉄道。ヨーロッパの鉄道建設史の中でも画期的な存在で，土木技術の偉業の一つと言える産業遺産。
文化遺産(登録基準(ii)(iv))　1998年　オーストリア

The Four Lifts on the Canal du Centre and their Environs, La Louviere and Le Roeulx(Hainault)
(ルヴィエールとルルー(エノー州)にあるサントル運河の4つの閘門と周辺環境)
19世紀のヨーロッパにおける運河建設や水力利用技術の一つの頂点を示す産業遺産。
文化遺産(登録基準(iii)(iv))　1998年　ベルギー

遺産種別（文化遺産）

Darjeeling Himalayan Railway
（ダージリン・ヒマラヤ鉄道）
インドのネパール国境とブータンの近くを走る高原鉄道，トイ・トレイン。
文化遺産（登録基準（ⅱ）(ⅳ)）1999年　インド

Mount Qincheng and the Dujiangyan Irrigation System
（青城山と都江堰の灌漑施設）
2500年前から建造された中国古代の水利技術の発展を示す遺跡で，現在も農業用に使われている。
文化遺産（登録基準（ⅱ）(ⅳ)(ⅵ)）　2000年　中国

Historic Town of Ouro Preto（オウロ・プレート歴史都市）
17世紀末にゴールド・ラッシュによって繁栄した古都。起伏の激しい石畳の坂道沿いに、ポルトガル統治時代の建造物が残る。
文化遺産（登録基準（ⅰ）（ⅲ））　1980年　ブラジル

世界遺産リストに登録されている産業遺産

●古都セゴビアとローマ水道（スペイン），●ラス・メドゥラス（スペイン），●クレスピ・ダッダ（イタリア），●アルケスナンの王立製塩所（フランス），●ポン・デュ・ガール（ローマ水道）（フランス），●ミディ運河（フランス），●ブレナヴォンの産業景観（イギリス），●アイアンブリッジ峡谷（イギリス），●ニュー・ラナーク（イギリス　P.44），**●ダウエント渓谷の工場（イギリス　P.43）**，●ソルテア（イギリス），●フェルクリンゲン製鉄所（ドイツ），●ランメルスベルク旧鉱山と古都ゴスラー（ドイツ），●関税同盟炭鉱の産業遺産（ドイツ），●ザルツカンマーグート地方のハルシュタットとダッハシュタインの文化的景観（オーストリア），**●センメリング鉄道（オーストリア　P.45）**，●ルヴィエールとルルーにあるサントル運河の4つの閘門と周辺環境（ベルギー　P.45），●モンスのスピエンヌの新石器時代の燧石採掘坑（ベルギー），**●Ir.D.F.ウォーダ蒸気揚水ポンプ場（オランダ　P.44）**，●キンデルダイク-エルスハウトの風車群（オランダ），●クトナ・ホラ聖バーバラ教会とセドリックの聖母マリア聖堂を含む歴史地区（チェコ），●ヴィエリチカ塩坑（ポーランド），●バンスカー・シュティアヴニッツァ（スロヴァキア），●エンゲルスベルグの製鉄所（スウェーデン），**●ファールンの大銅山の採鉱地域（スウェーデン　P.86）**，●鉱山の町ロロス（ノルウェー），●ヴェルラ製材製紙工場（フィンランド），**●ダージリン・ヒマラヤ鉄道（インド　P.46）**，**●青城山と都江堰の灌漑施設（中国　P.46）**，●古都グアナファトと近隣の鉱山群（メキシコ），●サカテカスの歴史地区（メキシコ），●ポトシ市街（ボリビア），**●オウロ・プレート歴史都市（ブラジル　P.47）**

太字の物件は本書に掲載のもので、ページはその掲載ページを示す。

文 化 的 景 観

Rice Terraces of the Philippine Cordilleras
(フィリピン・コルディリェラ山脈の棚田)
＜フィリピン＞
第19回世界遺産委員会ベルリン会議　1995年登録
文化遺産（登録基準 (ⅲ)(ⅳ)(ⅴ)）
★【危機遺産】2001年登録
体系的な監視プログラムや総合管理計画など
保護管理状況に問題があり危機遺産になってしまった。

遺産種別（文化遺産）

Agricultural Landscape of Southern Oland
（エーランド島南部の農業景観）
およそ5000年前の先史時代から現在まで人が居住し続けてきた一つの島における最適な土地利用を示す顕著な事例。
文化遺産（登録基準（iv）(v)）　2000年　スウェーデン

Alto Douro Wine Region（ワインの産地アルト・ドウロ地方）
ドウロ川上流地区に展開するアルト・ドウロ地方では、ワインが2000年もの間、生産されてきた。18世紀以来、「ポート・ワイン」の品質は、世界中に有名になった。
文化遺産（登録基準（iii）(iv)(v)）2001年　ポルトガル

文化的景観

50

遺産種別（文化遺産）

Wachau Cultural Landscape
(ワッハウの文化的景観)
メルクとクレムスとの間約36km、ドナウ渓谷の一帯であるヴァッハウ地方に広がり、その自然と文化との調和は絵の様に美しい。
文化遺産（登録基準（ⅱ）(ⅳ)）　2000年　オーストリア

Garden Kingdom of Dessau-Worlitz
(デッサウ-ヴェルリッツの庭園王国)
18世紀後半の英国式庭園の影響を受け、庭園、建物などの配置をバランスよく調和させた実例。詩人のゲーテもその影響を受けたといわれている。
文化遺産（登録基準（ⅱ）(ⅳ)）　2000年　ドイツ

文化的景観

遺産種別（文化遺産）

Hortobagy National Park（ホルトバージ国立公園）
プスタと呼ばれる面積約2,000km²の大平原と湿地が広がり，2,000年以上も続く伝統的な土地利用の形態がみられる。
文化遺産（登録基準（iv）（v））　1999年　ハンガリー

Curonian Spit（クルシュ砂洲）
幅0.4～4km，長さ98km，クルシュ海（淡水）をとり囲み長く伸びた砂丘の半島には，先史時代から人類が居住してきた。
文化遺産（登録基準（v））　2000年
リトアニア／ロシア

遺産種別（文化遺産）

Vinales Vally（ヴィニャーレス渓谷）
キューバの最も西にあるピナール・デル・リオ市の北方50kmにある周囲を奇妙な形の山で囲まれたカルスト地形とヤシの木が印象的な美しい田園風景を有する渓谷。
文化遺産（登録基準（iv））　1999年　キューバ

文化的景観（Cultural Landscapes）
文化的景観とは、人間と自然環境との共同作品とも言える景観で、文化遺産と自然遺産との中間的な存在で、現在は、文化遺産の分類に含められている。
1992年12月にアメリカ合衆国のサンタフェで開催された第16回世界遺産委員会で、今後、拡大していくべき分野の一つとして世界的戦略（Global Strategy）に位置づけられ、世界遺産条約履行の為の作業指針（Operational Guidelines）に新たに加えられたもので、大別すると、(1) 人間によって設計され創り出された公園や庭園などの景観、(2) 有機的に進化してきた景観、(3) 自然的要素が強い宗教的、芸術的、或は、文化的な事象に関連する景観　の3つのカテゴリーに分けることができる。

世界遺産リストに登録されている主な文化的景観
●カディーシャ渓谷（聖なる谷）と神の杉の森（ホルシュ・アルゼ・ラップ）（レバノン　P.77）、●**フィリピン・コルディリェラ山脈の棚田**（フィリピン　P.49）、●ウルル・カタジュタ国立公園（オーストラリア　P.81）、●**トンガリロ国立公園**（ニュージーランド　P.28）、●アマルフィターナ海岸（イタリア）、●ペストゥムとヴェリアの考古学遺跡とパドゥーラの僧院があるチレントとディアーナ渓谷国立公園（イタリア）、●ポルトヴェネレ、チンクエ・テッレと諸島（パルマリア、ティーノ、ティネット）（イタリア）、●サン・テミリオン管轄区（フランス）、●シュリー・シュル・ロワールとシャロンヌの間のロワール渓谷（フランス）、●**ピレネー地方－ペルデュー山**（フランス／スペイン　P.6）、●アランフエスの文化的景観（スペイン　P.87）、●シントラの文化的景観（ポルトガル）、●ワインの産地アルト・ドウロ地方（ポルトガル　P.50）、●ブレナヴォンの産業景観（イギリス）、●エーランド島南部の農業景観（スウェーデン　P.50）、●デッサウ-ヴェルリッツの庭園王国（ドイツ　P.51）、●ザルツカンマーグート地方のハルシュタットとダッハシュタインの文化的景観（オーストリア）、●ワッハウの文化的景観（オーストリア　P.51）、●フェルトー・ノイジードラー湖の文化的景観（オーストリア／ハンガリー）、●ホルトバージ国立公園（ハンガリー　P.52）、●レドニツェーバルチツェの文化的景観（チェコ）、●カルヴァリア ゼブジドフスカ:マンネリスト建築と公園景観それに巡礼公園（ポーランド）、●クルシュ砂州（リトアニア／ロシア　P.52）、●スカの文化的景観（ナイジェリア）、●**ヴィニャーレス渓谷**（キューバ　P.53）、●キューバ南東部の最初のコーヒー農園の考古学的景観（キューバ）
太字の物件は本書に掲載のもので、ページはその掲載ページを示す。

文化的景観

岩画遺跡

Tsodilo(ツォディロ)
<ボツワナ>
第25回世界遺産委員会ヘルシンキ会議 2001年登録
文化遺産 (登録基準 (i)(iii)(vi))
(写真)ツォディロ・ヒルズにあるサン族の生活を描いた岩画

遺産種別（文化遺産）

Decorated Grottoes of the Vezere Valley
（ヴェゼール渓谷の装飾洞穴）
ヴェゼール渓谷に沿った約20kmに及ぶ一帯には，1〜3万年前の先史時代の遺跡が散在する。なかでも，ラスコー洞窟の壁面や天井には，クロマニヨン人が描いたものと思われる牛，馬，鹿などの動物の彩色画が100以上もある。
文化遺産（登録基準（ⅰ）(ⅲ)）　1979年　フランス

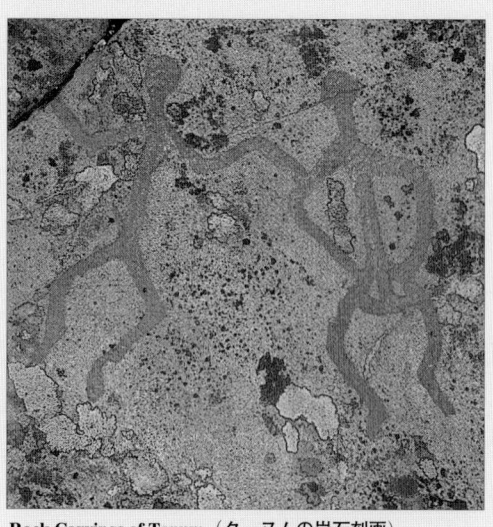

Rock Carvings of Tanum（ターヌムの岩石刻画）
紀元前1000〜紀元前500年頃の青銅器時代の岩絵で，狩猟する人物，槍を持った男性，子供を宿した女性，呪術師，動物，船やそりなどの日常道具の絵が岩に刻まれている。
文化遺産（登録基準（ⅰ）(ⅲ)(ⅳ)）　1994年　スウェーデン

Tassili n'Ajjer（タッシリ・ナジェール）
リビアとの国境に近いサハラ砂漠の中央部にそびえる台地に、20,000点近い先史時代の岩壁画が残っている。岩壁画だけではなく、岩山が複雑に入り組んだ自然景観や峡谷美も見逃せない。
複合遺産（登録基準　自然（ii）（iii）　文化（i）（iii））
1982年　アルジェリア

世界遺産リストに登録されている岩画遺跡

- **タッシリ・ナジェール**（アルジェリア　P.57）
- タドラート・アカクスの岩石画（リビア）
- オカシュランバ・ドラケンスバーグ公園（南アフリカ　P.70）
- **ツォディロ**（ボツワナ　P.55）
- カカドゥ国立公園（オーストラリア）
- ヴァルカモニカの岩画（イタリア）
- **ヴェゼール渓谷の装飾洞穴**（フランス　P.56）
- アルタミラ洞窟（スペイン）
- イベリア半島の地中海沿岸の岩壁画（スペイン）
- コア渓谷の先史時代の岩壁画（ポルトガル）
- アルタの岩石刻画（ノルウェー）
- **ターヌムの岩石刻画**（スウェーデン　P.56）
- サンフランシスコ山地の岩絵（メキシコ）
- セラ・ダ・カピバラ国立公園（ブラジル）
- **ピントゥーラス川のクエバ・デ・ラス・マーノス**（アルゼンチン　P.99）

太字の物件は本書に掲載のもので、ページはその掲載ページを示す。

歴 史 都 市

Historic Centre of Vienna（ウィーン歴史地区）
＜オーストリア＞
第25回世界遺産委員会ヘルシンキ会議　2001年登録
文化遺産（登録基準 (ii) (iv) (vi)）
（写真）聖シュテファン大寺院

遺産種別(文化遺産)

歴史都市

Historic Centre of Saint Petersburg and Related Groups of Monuments(サンクト・ペテルブルク歴史地区と記念物群)
バルト海の奥深くにあるロシア第2の都市。ピヨトール大帝が西欧文化を取入れて造り上げた建造物など数々の名所史跡が多い。ペテルスブルク,ペテログラード,レニングラードと改名されたが,ソ連崩壊後の1991年に旧名のサンクト・ペテルブルクに戻った。
文化遺産(登録基準(ⅰ)(ⅱ)(ⅳ)(ⅵ)) 1990年 ロシア

Historic Centre of Prague(プラハ歴史地区)
悠久の歴史と文化を誇るチェコの首都であり,「北のローマ」,「黄金のプラハ」,「百塔の街」とも呼ばれてきた。
文化遺産(登録基準(ⅱ)(ⅳ)(ⅵ)) 1992年 チェコ

遺産種別（文化遺産）

歴史都市

Budapest, the Banks of the Danube and the Buda Castle Quarter（ブダペスト，ブダ城地域とドナウ河畔）
人口約210万人を抱える東欧最大の都市。その美しさから，「ドナウの女王」とか「ドナウの真珠」とも呼ばれている。
文化遺産（登録基準（ⅱ）(ⅳ)） 1987年 ハンガリー
（写真）ドナウ川とくさり橋。橋の手前がブダ地区，向うがペスト地区になる。

Historic Centre of Riga（リガ歴史地区）
1282年にハンザ同盟に加わり，13～15世紀にかけてバルト海地方の重要な交易中心地として中央及び東ヨーロッパ地域との貿易によって繁栄した。
文化遺産（登録基準（ⅰ）(ⅱ)） 1997年 ラトビア

遺産種別（文化遺産）

Historic Monuments of Ancient Kyoto
（Kyoto, Uji and Otsu Cities）（古都京都の文化財）
794年に古代中国の都城を模範につくられた平安京とその近郊が対象地域で、平安〜江戸の各時代にわたる建造物、庭園などが数多く存在する。
文化遺産（登録基準（ii）(iv)）　1994年　日本
（写真）教王護国寺（東寺）

Hoi An Ancient Town（古都ホイアン）
17世紀から19世紀までは、繁栄した商業港で、商人たちが建てた細長い住居は、商人たちの故郷を偲ばせるいにしえの建築様式を、ほぼ、完全な状態で現在に伝えている。
文化遺産（登録基準（ii）(v)）　1999年　ベトナム

遺産種別（文化遺産）

歴史都市

Historic Centre of the Town of Goias
（ゴイヤスの歴史地区）
中央ブラジルの植民地として重要な役割を果たしたゴイヤスの都市計画は、植民都市が有機的に発展した顕著な事例。
文化遺産（登録基準（ii）(iv)）2001年　ブラジル
（写真）ロザリオ教会

世界遺産リストに登録されている主な歴史都市

サン・ルイ島（セネガル P.70）、ザンジバルのストーン・タウン（タンザニア P.71）、モザンビーク島（モザンビーク）、トンブクトゥー（マリ）、アルジェのカスバ（アルジェリア）、チュニスのメディナ（旧市街）（チュニジア）、マラケシュのメディナ（旧市街）（モロッコ）、イスラム文化都市カイロ（エジプト）、**ガダミース旧市街**（リビア P.75）、ヴァレッタ市街（マルタ）、エルサレム旧市街と城壁（ヨルダン推薦物件）、ビブロス（レバノン）、**イスファハンのイマーム広場**（イラン P.77）、アレッポの古代都市（シリア P.75）、**ザビドの歴史都市**（イエメン P.76）、ロードス島の中世都市（ギリシャ）、**ヴェローナ市街**（イタリア P.87）、ローマ歴史地区、法皇聖座直轄領、サンパオロ・フォーリ・レ・ムーラ教会（イタリア・ヴァチカン）、ヴァチカン・シティー（ヴァチカン）、バース市街（イギリス）、**パリのセーヌ河岸**（フランス P.85）、トレド旧市街（スペイン）、アルカラ・デ・エナレスの大学と歴史地区（スペイン）、ポルト歴史地区（ポルトガル）、ブリュッセルのグラン・プラス（ベルギー）、**ブルージュの歴史地区**（ベルギー P.105）、クラシカル・ワイマール（ドイツ）、ハンザ同盟の都市リューベック（ドイツ）、ベルン旧市街（スイス）、ワルシャワ歴史地区（ポーランド）、**ウィーン歴史地区**（オーストリア P.59）、**プラハ歴史地区**（チェコ P.60）、古代都市ネセバル（ブルガリア）、**ブダペスト、ブダ城地域とドナウ河畔**（ハンガリー P.61）、シギショアラの歴史地区（ルーマニア）、ターリン歴史地区（旧市街）（エストニア）、**リガ歴史地区**（ラトビア P.62）、ヴィリニュス歴史地区（リトアニア）、ベルゲンのブリッゲン（ノルウェー）、ハンザ同盟の都市ヴィスビー（スウェーデン）、ラウマ旧市街（フィンランド）、トロギール歴史都市（クロアチア）、文化的・歴史的外観・自然環境をとどめるオフリッド地域（マケドニア P.67）、**サンクトペテルブルグ歴史地区と記念物群**（ロシア P.60）、イスタンブール歴史地区（トルコ）、リヴィフ歴史地区（ウクライナ）、**サマルカンド-文明の十字路**（ウズベキスタン P.34）、カトマンズ渓谷（ネパール）、ルアンプラバンの町（ラオス）、古都ホイアン（ベトナム P.62）、**ヴィガンの歴史都市**（フィリピン P.81）、麗江古城（中国）、平遥古城（中国）、慶州の歴史地域（韓国）、**古都京都の文化財**（日本 P.62）、白川郷・五箇山の合掌造り集落（日本）、ケベック歴史地区（カナダ P.89）、サント・ドミンゴ植民都市（ドミニカ共和国）、オールド・ハバナと要塞（キューバ）、古都アンティグア・グアテマラ（グアテマラ）、メキシコシティー歴史地区とソチミルコ（メキシコ）、**カンペチェの歴史的要塞都市**（メキシコ P.92）、サロン・ボリバルのあるパナマ歴史地区（パナマ）、**クエンカ歴史地区**（エクアドル P.37）、**アレキパの歴史地区**（ペルー P.91）、リマ歴史地区（ペルー）、スクレ歴史都市（ボリビア）、**ゴイヤスの歴史地区**（ブラジル P.63）など
　太字の物件は本書に掲載のもので、ページはその掲載ページを示す。

63

複合遺産

Mount Wuyi（武夷山）
＜中国＞
第23回世界遺産委員会マラケシュ会議　1999年登録
複合遺産（登録基準　自然（ⅲ）(ⅳ)　文化（ⅲ)(ⅵ））
武夷山の山中には，唐代から寺院や廟が建てられ磨崖仏や碑文なども残っている。

遺産種別（複合遺産）

Ibiza, biodiversity and culture
（イビサの生物多様性と文化）
地中海に浮かぶバイアレス諸島の西部にあり，重要な固有種の海草の繁茂が海岸と海洋の生態系に良い影響を与えている。フェニキア・カルタゴ期の住居や墓地などの考古学遺跡も残る。
複合遺産　登録基準（自然(ii)(iv)　文化(ii)(iii)(iv)）
1999年　スペイン

Meteora（メテオラ）
14〜16世紀に，世俗を逃れた修道僧によって，24の修道院が乱立する搭状奇岩の頂上に建てられている。
複合遺産　登録基準（自然(iii)　文化(i)(ii)(iv)(v)）
1988年　ギリシャ

遺産種別（複合遺産）

複合遺産

Ohrid Region with its Cultural and Historical Aspect and its Natural Environment
（文化的・歴史的外観・自然環境をとどめるオフリッド地域）
オフリッド地域は，古くから培われてきた歴史と文化，そして，これらを取り巻く自然環境が見事に調和している。
複合遺産　登録基準（自然 (iii)　文化 (i)(iii)(iv)）
1979年／1980年　マケドニア

複合遺産（Cultural and Natural Heritage）

自然遺産と文化遺産の両方の要件を満たしている物件が**複合遺産**で，最初から複合遺産として登録される場合と，はじめに，自然遺産，あるいは，文化遺産として登録され，その後，もう一方の遺産としても評価されて複合遺産となる場合がある。

複合遺産は，世界遺産条約の本旨である自然と文化との結びつきを代表するもので，複合遺産の数は，2002年1月1日現在，23物件。

❶**タッシリ・ナジェール**（アルジェリア　P.57），❷バンディアガラの絶壁（ドゴン人の集落）（マリ），❸**オカシュランバ・ドラケンスバーグ公園**（南アフリカ　P.70），❹ギョレメ国立公園とカッパドキア（トルコ），❺ヒエラポリスとパムッカレ（トルコ），❻黄山（中国），❼泰山（中国），❽峨眉山と楽山大仏（中国），❾**武夷山**（中国　P.65），❿ウィランドラ湖群地方（オーストラリア　P.41），⓫ウルル・カタジュタ国立公園（オーストラリア），⓬カカドゥ国立公園（オーストラリア），⓭**タスマニア原生国立公園**（オーストラリア　P.17），⓮トンガリロ国立公園（ニュージーランド　P.28），⓯アトス山（ギリシャ），⓰**メテオラ**（ギリシャ　P.66），⓱ピレネー地方ペルデュー山（フランスとスペイン　P.6），⓲イビザの生物多様性と文化（スペイン　P.66），⓳ラップランドの貴重な自然－サーメ文化（スウェーデン），⓴**文化的・歴史的外観・自然環境をとどめるオフリッド地域**（マケドニア　P.67），㉑ティカル国立公園（グアテマラ），㉒マチュ・ピチュの歴史保護区（ペルー），㉓リオ・アビセオ国立公園（ペルー）

太字の物件は本書に掲載のもので，ページはその掲載ページを示す。

67

アフリカの世界遺産

Mosi-oa-Tunya/ Victoria Falls
(モシ・オア・トゥニャ(ヴィクトリア瀑布))
<ザンビア/ジンバブエ>
第13回世界遺産委員会パリ会議　1989年登録
自然遺産(登録基準(ⅱ)(ⅲ))

地　域　別

アフリカ

Island of Saint-Louis（サン・ルイ島）
1683年頃にフランスの植民地になり総督府がおかれた。サンテクジュペリの小説「星の王子様」は，ここで書き上げられたことでも知られている。
文化遺産（登録基準（ⅱ）（ⅳ））　2000年　セネガル

uKhahlamba-Drakensberg Park
（オカシュランバ・ドラケンスバーグ公園）
変化に富んだ地形と雄大な自然の山岳地帯に，サン族（ブッシュマン）が描いた岩壁画が数多く残っている。
複合遺産　登録基準（自然（ⅲ）（ⅳ）　文化（ⅰ）（ⅲ））
2000年　南アフリカ

地 域 別

アフリカ

Lamu Old Town（ラム旧市街）
伝統的なスワヒリの技法で造られたユニークな町並みは，重厚なドアなどに特色がある建築様式にも反映されている。かつて，アラブとの交易で栄えた東アフリカの最も重要な貿易センターであった。
文化遺産（登録基準（ii）(iv)(vi)）
2001年　ケニア

Stone Town of Zanzibar（ザンジバルのストーン・タウン）
ザンジバルの町並みは，アフリカ，アラブ地域，インド，それに，ヨーロッパの諸文化が時代を超えて見事に調和している。文化遺産（登録基準（ii）(iii)(vi)）
2000年　タンザニア

71

アラブ諸国の世界遺産

Memphis and its Necropolis — the Pyramid Fields from Giza to Dahshur
(メンフィスとそのネクロポリス／ギザからダハシュールまでのピラミッド地帯)
＜エジプト＞
第3回世界遺産委員会ルクソール会議　1979年登録
文化遺産（登録基準（ⅰ）（ⅲ）（ⅵ））

地　域　別

アラブ諸国

Dougga / Thugga（ドゥッガ／トゥッガ）
チュニジア最大のローマ遺跡。
文化遺産（登録基準（ⅱ）（ⅲ））　1997年　チュニジア

Medina of Essaouira（**Former Mogador**）
（エッサウィラ（旧モガドール）のメディナ）
18世紀後期の要塞都市。
文化遺産（登録基準（ⅱ）（ⅳ））　2001年　モロッコ

アラブ諸国

Ancient City of Aleppo（アレッポの古代都市）
ダマスカスの北約300kmにある古代都市。古くからユーフラテス川流域と地中海，シリア南部とアナトリア地方とを結ぶ交易路の要衝で，商業都市として栄えた。
文化遺産（登録基準（ⅲ）（ⅳ））　1986年　シリア

Old Town of Ghadames（ガダミース旧市街）
7世紀以降「砂漠の真珠」と呼ばれ，ローマ帝国の時代から，北部アフリカのトリポリとアフリカ内陸部のチャド湖方面を結ぶ交易で繁栄。
文化遺産（登録基準（ⅴ））　1986年　リビア

地 域 別

The Frankincense Trail（乳香フランキンセンスの軌跡）
クレオパトラやシバの女王も親しんだといわれる乳香フランキンセスの産地ドファール地方には，乳香の交易の軌跡を示す遺跡が残る。
文化遺産（登録基準（ⅲ）(ⅳ))　2000年　オマーン
(写真) ホール・ルーリのサムフラム遺跡

Historic Town of Zabid（ザビドの歴史都市）
アラブ初の大学が建設され，マドラサ（イスラム教の学校）の林立した文教都市。都市化，劣化，コンクリート建造物の増加などの理由により危機にさらされている世界遺産に登録された。
文化遺産（登録基準（ⅱ）(ⅳ)(ⅵ))　1993年
★【危機遺産】2000年　イエメン

アラブ諸国

Meidan Emam, Esfahan（イスファハンのイマーム広場）
「イスファハンは世界の半分」と言わしめたイスラム文化の最高潮を物語る都市。
文化遺産（登録基準（ⅰ）(ⅴ)(ⅵ)）　1979年　イラン
（写真）シェイクロトフォッラモスク

Quadi Qadisha（the Holy Valley）and the Forest of the Cedars of God（Horsh Arz el-Rab）
（カディーシャ渓谷（聖なる谷）と神の杉の森（ホルシュ・アルゼ・ラップ））
レバノン山脈のコルネ・エル・サウダ山斜面のカディーシャ渓谷に広がる樹齢1200〜2000年のレバノン杉の森で，顕著な普遍的価値を有する文化的景観を誇る。
文化遺産（登録基準（ⅲ)(ⅳ)）　1998年　レバノン

アジア・太平洋の世界遺産

Angkor(アンコール)
<カンボジア>
第16回世界遺産委員会サンタ・フェ会議　1992年登録
文化遺産(登録基準 (ⅰ)(ⅱ)(ⅲ)(ⅳ))
★【危機遺産】1992年登録

地 域 別

アジア・太平洋

State Historical and Cultural Park "Ancient Merv"
(「古都メルブ」州立歴史文化公園)
カラクム砂漠にある中央アジアのシルクロードのオアシス都市。1221年に, チンギス＝ハンによるモンゴル帝国の侵攻によって, 町は焼かれ没落した。
文化遺産 (登録基準 (ⅱ)(ⅲ))　1999年
トルクメニスタン

Buddhist Monuments at Sanchi (サーンチーの仏教遺跡)
紀元前2～1世紀に建立された仏塔 (ストゥーパ) が残るインド仏教遺跡。
文化遺産　(登録基準 (ⅰ)(ⅱ)(ⅲ)(ⅳ)(ⅵ))　1989年
インド

地 域 別

Vat Phou and Associated Ancient Settlements within the Champasak Cultural Landscape
(チャムパサクの文化的景観の中にあるワット・プーおよび関連古代集落群)
ワットプーは，「山寺」と言う意味で，10～14世紀のクメール文化の全盛時代に，神の山カオ山の麓に建立されたヒンドゥー教の寺院。
文化遺産（登録基準 (iii)(iv)(vi)） 2001年 ラオス

Historic Town of Vigan（ヴィガンの歴史都市）
16世紀にスペインの植民都市となり，貿易と商業で栄えたが，今もその面影が町並み景観などにそのまま残っている。
文化遺産（登録基準 (ii)(iv)）
1999年 フィリピン

アジア・太平洋

81

地域別

アジア・太平洋

Yungang Grottoes（雲崗石窟）
山東省北部の大同市にある雲崗石窟は，敦煌石窟，洛陽の龍門石窟と並ぶ有名な仏教芸術の殿堂。雲崗石窟は，1500年前の北魏時代から掘削し始められ，今は，53の洞窟と5万1000点以上の造像が残っている。
文化遺産（登録基準 (i)(ii)(iii)(iv)）
2001年　中国

Hwasong Fortress（水原の華城）
朝鮮王朝の第22代王の正祖が，遷都を目的に，1794年に漢陽（現在のソウル）の郊外の水原に建築した全長6kmにも及ぶ長大な石造りの城壁。
文化遺産（登録基準 (ii)(iii)）　1997年　韓国

地 域 別

Shrines and Temples of Nikko （日光の社寺）
徳川幕府の祖を祀る霊廟がある聖地として，また日光山岳信仰の聖域として重要な歴史的役割を果たした。
文化遺産（登録基準（ⅰ）(ⅳ)(ⅵ)） 1999年 日本
（写真 東照宮陽明門）

Heard and McDonald Islands
（ハード島とマクドナルド諸島）
亜南極地域にある唯一の活火山島で，生物や地形の進化過程や氷河の動きが目の当たりに観察できる。
自然遺産（登録基準（ⅰ）(ⅱ)） 1997年
オーストラリア （写真）Baudissin Glacier

アジア・太平洋

ヨーロッパ・北アメリカの世界遺産

Paris, Banks of the Seine（パリのセーヌ河岸）
＜フランス＞
第15回世界遺産委員会カルタゴ会議　1991年登録
文化遺産（登録基準（ⅰ）(ⅱ)(ⅳ)）
（写真）ゴシック建築の技術の粋を集めたノートル・ダム大聖堂

地域別

The Mining Area of the Great Copper Mountain in Falun
（ファールンの大銅山の採鉱地域）
銅鉱山の巨大な露天掘りの採掘現場，坑道跡などが残る。構内には博物館もあり鉱山の歴史や模型，採掘道具などが展示されている。
文化遺産（登録基準 (ii)(iii)(v)）2001年　スウェーデン

Kronborg Castle（クロンボー城）
デンマーク・ルネサンスの城郭建築の顕著な例。シェークスピアの「ハムレット」の舞台となったことでも有名。
文化遺産（登録基準 (iv)）　2000年　デンマーク

ヨーロッパ・北アメリカ

Aranjuez Cultural Landscape（アランフエスの文化的景観）
マドリッドから47kmのところにある緑豊かな街。素晴らしい庭園に囲まれた美しい王宮がある。
文化遺産（登録基準（ii）(iv)）2001年　スペイン

Villa d'Este,Tivoli（ティヴォリのヴィラ・デステ）
6世紀半ばにイポリト・デステ枢機卿によって建てられたエステ家の別荘。大小様々な形の噴水や装飾された泉などがある水の庭園は、ヨーロッパの庭園の発展に影響を与えた。
文化遺産（登録基準（i）(ii)(iii)(iv)(vi)）2001年　イタリア

地域別

Ensemble of Ferapontov Monastery
（フェラポントフ修道院の建築物群）
ロシア正教の修道院建築としては保存状態の良さは抜群。
ロシアが統一され国家と文化が発達した時代に建設された。
文化遺産（登録基準（ⅰ）(ⅳ)）　2000年　ロシア

Wartburg Castle（ヴァルトブルク城）
ゲーテ生誕地のアイゼンナッハの町はずれにそびえるルターうかりの城。歌劇「タンホイザー」の舞台にもなったことでも知られる。
文化遺産（登録基準（ⅲ）(ⅵ)）　1999年　ドイツ

ヨーロッパ・北アメリカ

Historic District of Quebec（ケベック歴史地区）
珠玉の街と讃えられる旧市街は，アッパータウンと，ロウワータウンに分かれ，中世フランス情緒に満ちあふれた歴史的な町並みや石畳の小道が保存されている。
文化遺産（登録基準 (iv)(vi)）　1985年　カナダ

Yosemite National Park（ヨセミテ国立公園）
カリフォルニア州のシェラネバダ山脈中部にある，アメリカでは最も人気のある国立公園のひとつ。
自然遺産（登録基準 (i)(ii)(iii)）　1984年
アメリカ合衆国

ラテンアメリカ・カリブ海地域の世界遺産

Historical Centre of the City of Arequipa（アレキパの歴史地区）
＜ペルー＞
第24回世界遺産委員会ケアンズ会議　2000年登録
文化遺産　（登録基準（ⅰ）(ⅳ)）
「白い町」と別名で呼ばれるペルー第2の都市アレキパ
2001年6月23日にM8.1の大地震に見舞われカテドラルの修復などに
ユネスコからも緊急援助がなされた。

Historic Fortified Town of Campeche
(カンペチェの歴史的要塞都市)
16世紀のスペイン植民地時代に交易で繁栄した貿易港を中心に町並みが展開。カリブの海賊から港町を守るための要塞やバロック様式の聖堂や教会などが残っている。
文化遺産（登録基準 (ⅱ)(ⅳ)） 1999年 メキシコ

Area de Conservacion Guanacaste
(グアナカステ保全地域)
火山地帯も含む陸域の88,000ha、海域の43,000haからなり、海陸両方の自然環境での生態系の変化を見ることができる。ウミガメの産卵、サンゴの群落の移動なども見られる。
自然遺産（登録基準 (ⅱ)(ⅳ)） 1999年 コスタリカ

Ruins of Leon Viejo（レオン・ヴィエホの遺跡）
1605年にモモトンボ火山の噴火によって、町は埋没。中米版の「ポンペイの遺跡」ともいえる。
文化遺産（登録基準（ⅲ）（ⅳ））　2000年　ニカラグア

Central Suriname Nature Reserve
（中央スリナム自然保護区）
国土の中央部の熱帯雨林ジャングルに原始のままの保全価値の高い生態系を保っている自然保護区。
自然遺産（登録基準（ⅱ）（ⅳ））　2000年　スリナム

地域別

Tiwanaku: Spiritual and Political Centre of the Tiwanaku Culture
（ティアワナコ：ティアワナコ文化の政治・宗教の中心地）
紀元500〜900年にかけて栄華を極めた，スペイン植民地化よりも以前に存在した強大な帝国の首都。
文化遺産（登録基準（ⅲ）（ⅳ））　2000年　ボリビア

Churches of Chiloe（チロエ島の教会群）
17〜18世紀にイエズス会の巡回伝道組織の主導で建設された木造教会。チリとヨーロッパの文化，宗教，伝統が見事に融合している。
文化遺産（登録基準（ⅱ）（ⅲ））　2000年／2001年　チリ

Jau National Park（ジャウ国立公園）
アマゾン盆地で最大の国立公園であり，地球上で最も豊富な生態系を有する地域のひとつといわれている。
自然遺産（登録基準（ⅱ）(ⅳ)）　2000年
ブラジル

Ischigualasto/Talampaya National Parks
（イスチグアラスト・タランパヤ自然公園）
2つの自然公園で見られる6段階の地質形成から現代生物の祖先にあたる種の化石が発見され，脊椎動物の進化と三畳紀という古代環境での自然が明らかにされた。
自然遺産（登録基準（ⅰ））　2000年　アルゼンチン

先 史 時 代

Choirokoitia（ヒロキティア）
＜キプロス＞
第22回世界遺産委員会京都会議　1998年登録
文化遺産（登録基準（ii）(iii)(iv)）
ヒロキティアの集落遺跡は，キプロス最古の考古学遺跡。

Stonehenge, Avebury and Associated Sites
（ストーンヘンジ，エーブベリーおよび周辺の巨石遺跡）
高さ6m以上の大石柱が100m近い直径の内側に祭壇を中心に，4重の同心円状に広がる。その建設の目的については，諸説があるが，はっきりわかっていない。
文化遺産（登録基準（ⅰ）（ⅱ）（ⅲ））　1986年　イギリス

Su Nuraxi di Barumini（バルーミニのス・ヌラクシ）
ティレニア海に浮かぶサルデーニャ島の中央部にあるバルーミニ村には，紀元前2世紀後半，他では類を見ない堅固な石造りの砦であるヌラーゲが造られた。
文化遺産（登録基準（ⅰ）（ⅲ）（ⅳ））　1997年　イタリア

時　代　別

先史時代

Megalithic Temples of Malta（マルタの巨石文化時代の神殿）
人類最古の巨石の石造建築物といわれる先史時代の神殿が残る。ゴゾ島にある紀元前3000年頃の建造とされるギガンティア神殿（写真）が最古。
文化遺産（登録基準（ⅳ））　　1980年／1992年　マルタ

Cueva de las Manos, Rio Pinturas
（ピントゥーラス川のクエバ・デ・ラス・マーノス）
「手の洞窟」という意味の洞窟内には、10,000年～1,000年前の先史時代に描かれた非常に珍しい壁画が数多く見られる。
文化遺産（登録基準（ⅲ））　1999年　アルゼンチン

古 代

Archaeological Site of Olympia
(オリンピア古代遺跡)
＜ギリシャ＞
第13回世界遺産委員会パリ会議　1989年登録
文化遺産（登録基準（ⅰ）（ⅱ）（ⅲ）（ⅳ）（ⅵ））

時代別

古代

Roman Walls of Lugo（ルーゴのローマ時代の城壁）
西欧で見られるローマ帝国時代の城砦建造技術を今に伝える最も見事な事例。
文化遺産（登録基準（iv））　2000年　スペイン

Timgad（ティムガッド）
1世紀にローマ皇帝のトラヤヌス帝が造らせた計画都市で，直角に交差する東西と南北に走る大理石の列柱廊が印象的。
文化遺産（登録基準（ii）（iii）（iv））　1982年
アルジェリア

Archaeological Ruins at Moenjodaro
(モヘンジョダロの考古学遺跡)
世界四大文明の一つインダス文明を代表する最古最大の都市遺跡。都市計画に基づき東に市街、西に城塞を配置。
文化遺産（登録基準（ii）(iii)）　1980年　パキスタン

Maya Site of Copan（コパンのマヤ遺跡）
古代マヤ文明の遺跡。石碑は、人間をモチーフとしたものが多く見られることから、崇拝の対象が自然から社会へと移行されてきたと推測されている。
文化遺産（登録基準（iv）(vi)）　1980年　ホンジュラス

中 世

Historic Centre of Brugge
(ブルージュの歴史地区)
＜ベルギー＞
第24回世界遺産委員会ケアンズ会議　2000年登録
文化遺産（登録基準（ⅱ）(ⅳ)(ⅵ)）
(写真) ローゼンフッド河岸

時 代 別

中世

Provins, Town of Medieval Fairs
（中世の交易都市プロヴァン）
11〜13世紀に交易で繁栄した屈強な石の城壁に囲まれた要塞都市の典型的な事例。
文化遺産（登録基準（ii）(iv)）2001年　フランス

Historic Centre of Guimaraes
（ギマランイスの歴史地区）
ポルトガルの初代国王アフォンソ・エンリケスが生まれた10世紀の城（カステロ）は，町を一望する丘に建つ。
文化遺産（登録基準（ii）(iii)(iv)）2001年　ポルトガル

時　代　別

中世

City of Luxembourg ; its Old Quarters and Fortifications
（ルクセンブルグ中世要塞都市の遺構）
戦略上の要衝に位置する険しい岩山ボックに砲台のある城塞が築かれ、その麓に町が形成された。
文化遺産（登録基準（iv））　1994年　ルクセンブルグ

City of Graz-Historic Centre（**グラーツの歴史地区**）
ルネッサンス時代とハプスブルグ家の都として最盛期を迎え、当時の遺産は、今も中欧で最も完全な歴史的旧市街として残っている。
文化遺産（登録基準（ii）(iv)）　1999年　オーストリア

107

近 代

Statue of Liberty
(自由の女神像)
＜アメリカ合衆国＞
第8回世界遺産委員会ブエノスアイレス会議　1984年登録
文化遺産（登録基準（ⅰ）(ⅵ)）

Parque Guell, Palacio Guell and Casa Mila in Bacelona
（バルセロナのグエル公園，グエル邸，カサ・ミラ）
アントニオ・ガウディの作品群。カサ・ミラ（写真）は，別名，「ラ・ペドレラ」（石切り場）とも呼ばれ，大胆な曲線を多用した風変りなアブストラクト彫刻の集合住宅。
文化遺産（登録基準（ⅰ）（ⅱ）（ⅳ））1984年　スペイン

Defence Line of Amsterdam（アムステルダムの防塞）
首都アムステルダムの市街を取り巻く周囲135kmに及ぶ水害対策も兼ねた軍事防塞。
文化遺産（登録基準（ⅱ）（ⅳ）（ⅴ））　1996年　オランダ

**Museumsinsel（Museum Island），Berlin
（ベルリンのムゼウムスインゼル（博物館島））**
博物館島には，古代ギリシャの都市国家であったペルガモン（現在のトルコ）で発掘された「ゼウスの大祭壇」や古代バビロニアの「イシュタール門」などの巨大な遺跡がそのまま展示されているペルガモン博物館，古代およびビザンチン芸術を収集したバロック風のドームが印象的なボーデ美術館，印象派絵画を揃えた旧博物館，それに，国立美術館や歴史博物館がある。
文化遺産（登録基準（ⅱ）(ⅳ)）　1999年　ドイツ

Complex of Hue Monuments（フエの建築物群）
フォン川左岸に，中国，フランス，それに亜熱帯独特のスタイルが交じり合って建立された旧王宮や歴代皇帝廟や寺院，苔むした城壁などのモニュメントが残る。
文化遺産（登録基準（ⅲ）(ⅳ)）　1993年　ヴェトナム

現　代

Brasilia（ブラジリア）
＜ブラジル＞
第11回世界遺産委員会パリ会議　1987年登録
文化遺産（登録基準（ⅰ）(ⅳ)）
1960年にリオデジャネイロからの遷都が実現したブラジリア
都市計画はブラジル建築界の巨頭ルシオ・コスタ，設計は建築家オスカー・ニエマイヤーが担当した。

時 代 別

現代

Rietveld Schroderhuis（Rietveld Schroder House）
（リートフェルト・シュレーダー邸）
建築家ヘリット・リートフェルトは，第一次世界大戦後の幾何学的芸術運動「デ・ステイル」の代表的メンバーも務め，オランダの芸術と建築に大きな影響を与えた。
文化遺産（登録基準（ⅰ）(ⅱ)）　2000年　オランダ

The Major Town Houses of the Architect Victor Horta
（建築家ヴィクトル・オルタの主な邸宅建築）
アール・ヌーヴォーの巨匠ヴィクトル・オルタによる高度な近代建築および芸術的偉業の作品群
文化遺産（登録基準（ⅰ）(ⅱ)(ⅳ)）　2000年　ベルギー

時　代　別

現代

Bauhaus and its Sites in Weimar and Dessau
（ワイマールおよびデッサウにあるバウハウスと関連遺産群）
バウハウスで生み出された数多くの芸術作品は，20世紀の建築や芸術に多大な影響を与えた。
文化遺産（登録基準（ii）(iv)(vi)）1996年　ドイツ

Tugendhat Villa in Brno（ブルノのトゥーゲントハット邸）
この住宅は，トゥーゲントハット夫妻の結婚後の新居として，1930年に建築家の巨匠ミース・ファン・デル・ローエによって，ブルノ郊外の閑静な住宅地に建設された。
文化遺産（登録基準（ii）(iv)）　2001年　チェコ

115

Skogskyrkogarden（スコースキュアコゴーデン）
首都ストックホルム郊外に建設された森林墓園。国際コンペにより設計された森の墓園は，周囲の空間と風景を生かした墓園設計の手本となっている。
文化遺産（登録基準（ii）(iv)） 1994年
スウェーデン

Auschwitz Concentration Camp
（アウシュヴィッツ強制収容所）
第二次世界大戦中，ナチス・ドイツによってつくられた強制収容所。二度と繰り返してはならない人類の負の遺産。
文化遺産（登録基準（vi））1979年 ポーランド

時 代 別

現代

Hiroshima Peace Memorial（Genbaku Dome）
（広島の平和記念碑（原爆ドーム））
人類史上初めて使用された核兵器によって，多くの人の生命が奪われるなどの惨禍を如実に物語る負の遺産。
文化遺産（登録基準（vi））　1996年　日本

Ciudad Universitaria de Caracas（大学都市カラカス）
1940～1960年代にかけて建築家カルロス・ヴィラヌェヴァと優秀な前衛芸術家達で創られたヴェネズエラの都市計画，建築，芸術を代表する作品。
文化遺産（登録基準（ⅰ）(ⅳ)）　2000年　ヴェネズエラ

危機にさらされている世界遺産

Group of Monuments at Hampi（ハンピの建造物群）
＜インド＞
第10回世界遺産委員会パリ会議　1986年登録
文化遺産（登録基準（ⅰ）(ⅲ)(ⅳ)）
★【危機遺産】1999年登録
理由：つり橋建設，道路建設，農地化，自然破壊

危機遺産

Royal Palaces of Abomey（アボメイの王宮）
17世紀初めから300年間，西海岸最強のフォン族の王国として，奴隷貿易で繁栄を謳歌した。1984年に襲った竜巻によって大被害を受け，1985年に危機にさらされている世界遺産に登録された。
文化遺産（登録基準(iii)(iv)）1985年　ベナン
★【危機遺産】1985年

Bahla Fort（バフラ城塞）
7世紀前後のイスラム時代に侵略から守る為建設された城塞。日干し煉瓦は脆く，長く放置されていたために風化が激しく，1988年に危機にさらされている世界遺産に登録された。
文化遺産（登録基準(iv)）1987年　オマーン
★【危機遺産】1988年

危機遺産

Fort and Shalamar Gardens in Lahore
（ラホールの城塞とシャリマール庭園）
シャリマール庭園には，元々7つの高く上がったテラスが付いていたが，現在では，3つが残っているのみ。庭園の周囲の外壁の劣化，庭の噴水に水を送るタンクが道路の拡張で使用出来なくなった事などの理由により，2000年に危機にさらされた世界遺産に登録された。
文化遺産（登録基準（ⅰ）（ⅱ）（ⅲ））1981年　パキスタン
★【危機遺産】2000年

Sangay National Park（サンガイ国立公園）
サンガイ国立公園には，絶滅が危惧されている稀少動物が生息している。道路建設などの理由により，1992年に危機にさらされている世界遺産に登録された。
自然遺産（登録基準（ⅱ）（ⅲ）（ⅳ））1983年　エクアドル
★【危機遺産】1992年

121

危機遺産

Chan Chan Archaeological Zone（チャン・チャン遺跡）
古代チムー王国の首都遺跡。日干し煉瓦は、きわめて脆い材質のうえ風化しやすく、また自然環境も風化の速度を早めており、1986年に危機にさらされている遺産に登録された。
文化遺産（登録基準（ⅰ）（ⅲ））　1986年
★【危機遺産】1986年　ペルー

危機にさらされている世界遺産（2002年1月現在　31物件）
❶コトルの自然・文化－歴史地域（ユーゴスラビア・地震・1979年）、❷エルサレム旧市街と城壁（ヨルダン推薦物件・民族紛争　1982年）、❸アボメイの王宮（ベナン・雷雨・1985年　P.120）、❹チャン・チャン遺跡（ペルー・エルニーニョ現象からの風雨による侵食・崩壊、不法占拠、盗掘・1986年　P.122）、❺バフラ城塞（オマーン・風化・1988年　P.120）、❻トンブクトゥー（マリ・砂漠化による侵食と埋没・1990年）、❼ニンバ山厳正自然保護区（ギニア／コートジボワール・鉄鉱山開発、難民流入、森林伐採、不法放牧、河川の汚染・1992年　P.22）、❽アイルとテネレの自然保護区（ニジェール・武力紛争、内戦・1992年）、❾マナス野生動物保護区（インド・密猟・1992年）、❿アンコール（カンボジア・内戦、浸食、風化、盗掘・1992年　P.79）、⓫サンガイ国立公園（エクアドル・道路建設・1992年　P.121）、⓬スレバルナ自然保護区（ブルガリア・堤防建設・1992年）、⓭エバーグレーズ国立公園（アメリカ合衆国・ハリケーン、人口増加、農業開発、水銀や肥料等による水質汚染・1993年　P.18）、⓮ヴィルンガ国立公園（コンゴ民主共和国・地域紛争、難民流入、密猟・1994年）、⓯イエローストーン（アメリカ合衆国・鉱山開発、水質汚染、ゴミなどの観光公害・1995年）、⓰リオ・プラターノ生物圏保護区（ホンジュラス・入植、農地化、商業地化・1996年）、⓱イシュケウル国立公園（チュニジア・ダム建設、都市化・1996年）、⓲ガランバ国立公園（コンゴ民主共和国・密猟、内戦、政情不安、森林破壊・1996年）、⓳シミエン国立公園（エチオピア・密猟、戦乱、農地の拡張、都市開発、人口増加・1996年）、⓴オカピ野生動物保護区（コンゴ民主共和国・武力紛争、森林の伐採、金の採掘、密猟・1997年）、㉑カフジ・ビエガ国立公園（コンゴ民主共和国・伐採、狩猟・1997年）、㉒ブトリント（アルバニア・紛争・1997年）、㉓マノボ・グンダ・サンフローリス国立公園（中央アフリカ・狩猟・1997年）、㉔ルウェンゾリ山地国立公園（ウガンダ・地域紛争・1999年）、㉕サロンガ国立公園（コンゴ民主共和国・密猟、住宅建設などの都市化・1999年）、㉖ハンピの建造物群（インド・つり橋建設、道路建設、農地化、自然破壊・1999年　P.119）、㉗ザビドの歴史都市（イエメン・都市化、劣化、コンクリート建造物の増加・2000年　P.75）、㉘ジュディ国立鳥類保護区（セネガル・サルビニア・モレスタ（オオサンショウモ）の繁殖・2000年）、㉙ラホールの城塞とシャリマール庭園（パキスタン・ラホール城の老朽化、都市開発、道路拡張に伴うシャリマール庭園の噴水の破損・2000年　P.121）、㉚フィリピン・コルディリェラ山脈の棚田（フィリピン・体系的な監視プログラムや総合管理計画の欠如・2001年　P.49）、㉛アブメナ（エジプト・土地改良に伴う水面上昇による溢水・2001年）

（　）内は国名と危機遺産になった理由、危機遺産の登録年　　太字の物件は本書に掲載のもので、ページはその掲載ページを示す。

＜資料・写真　提供＞

アルジェリア民主人民共和国大使館, OFFICE NATIONAL DU TOURISME, ウガンダ大使館, UTB (Uganda Tourist Board)/Ignatius B. Nakishero, エジプト大使館エジプト学・観光局, エチオピア連邦民主共和国大使館, ギニア共和国大使館, Ministry of Tourism and Wildlife Republic of Kenya, ケニア共和国大使館, コートジボワール共和国大使館, ザンビア共和国大使館, Zambia National Tourist Board, ジンバブエ大使館, セネガル共和国大使館, Jean-Louis Delbende, Melun, France, タンザニア大使館, The National Museum of Tanzania and Jesper Kirknæs, チュニジア大使館観光部, DPC/Mission francaise de cooperation, TAM・Voyages, ボツワナ共和国大使館, Botwana Tourism, The SHELL Tourist Guide to Botswana, 南アフリカ大使館, 南アフリカ政府観光局, NATAL PARKS BOARD, モロッコ王国大使館, モロッコ政府観光局, www.essaouiranet.com/ Miss Kabira Charafi and Mr Patrick Heinkel, リビア大使館, イエメン共和国大使館, Michael Obert/Komm, Edward J. Keall/Royal Ontario Museum, イスラエル大使館, イスラエル政府観光局, イラン・イスラム共和国大使館, ペルシャ観光局, Ross Hayden,Salalah, Sultanate of Oman, オマーン大使館, オマーン情報省, Tony Usher/exploreoman.com, キプロス政府観光局, シリア大使館, シリア政府観光局, Ministry of Tourism:BEIRUT, ウズベキスタン共和国大使館, 印度総領事館, インド政府観光局, Rajendra S Shirole /Nottingham Business School, パキスタン大使館, カンボジア政府観光局, エフサンツーリスト, タイ国政府観光庁, フィリピン政府観光省, フィリピン政府観光省大阪事務所, ベトナムスクエア, SAIGONTOURIST, マレーシア政府観光局, Sarawak Tourism Board, ラオス人民民主共和国大使館, Ministry of Information & Culture, LAO P.D.R., 中国国家観光局大阪駐在事務所, 中国国家観光局東京駐在事務所, 中国国際旅行社, 中国国家旅遊局, 中国国際旅行社 (CITS JAPAN), 韓国観光公社福岡支社, オーストラリア大使館広報部, オーストラリア政府観光局, Environment Austraslia /AHC collection / Y.Webster, ニュー・サウス・ウェールズ州政府観光局, ニュージーランド政府観光局, ギリシャ政府観光局, Greek National Tourism Organization, キプロス政府観光局, マルタ政府観光局, イタリア政府観光局 (ENTE PROVINCIALE PER IL TURISMO＝ENIT), Regione Veneto Tourist Boards, Ciao Elena/touromе, フランス政府観光局, Place Bellecour, スイス政府観光局, スペイン政府観光局, MINISTERIO DE COMERCIO Y TURISMO, Ministerio de Comercio y Turismo, Jose Luis Menendez Perez de Tudela Concejal-Delegado de Turismo, Fundacion Puente Barcas, Junta de Castilla y Leon, ポルトガル投資観光貿易振興庁, 英国政府観光庁, Torfaen Country Borough Council (TCBC) /Sue Morgan, Dorset and East Devon Coast World Heritage Site/Sally King,Visitor Manager, New Lanark Conservation Trust / Ms Lorna Davidson, Barry Joyce MBE/Conservation and Design Officer, Environmental Services Department, Derbyshire County Council, オーストリア政府観光局, オーストリア・フィルムセンター, TOURISMUSVERBAND WACHAU-NIBELUNGENGAU, ドイツ観光局, Auskunfte:Dessau-Informationund Tourismusservice, THURINGEN STADTE, オランダ政府観光局, 在大阪・神戸オランダ総領事館, Servus in Niederosterreich, VVV Lemmer (Anja de Jong), ベルギー大使館, ベルギー観光局, Federation du Tourisme de la Province de Hainaut, Centre de Tourisme, HRVATSKA, ハンガリー共和国大使館, THE HUNGARIEN NATIONAL TOURIST OFFICE, チェコ大使館, the Czech Tourist Authority, OMI MMB/Michal Babicka, Dwight Peck, Executive Assistant for Communications The Convention on Wetlands/Dr Georgi Hiebaum,Central Laboratory of General Ecology Sofia, Felicity Booth,School of World Art Studies University of East Anglia Norwich NR4 7TJ, ポーランド大使館, State Sport and Tourism Administration, POLSKA AGENCJA PROMOCJI TURYSTYKI NATIONAL TOURISM PROMOTION AGENCY, POLAND, グリーンピース出版会, 青木進々氏, スウェーデン大使館, Swedish Travel & Tourism Council, スカンジナビア政府観光局, LANSSTYRELSEN BLEKINGE LAN (Christer Johansson), SVENSKA INSTITUTET, Falun Tourist Office, ベラルーシ共和国大使館, Belarustourist/Gennady Levshin, リトアニア共和国大使館, Lithuanian Tourist Board, GOVERNMENT OF KAMCHATKA REGION, カムチャカ共和国政府観光局, ロシア旅行社, Vologda Oblast Adminstration Information and Analysis Office/Belyaeva Nadezda, カナダ大使館トラベルインフォメーション, カナダ観光局, Parks Canada, アメリカ州政府在日事務所協議会, U.S. Department of the Interior National Park Service, アメリカン・センター・レファレンス資料室, National Park Service (アメリカ), Wyoming Business Council Division of Tourism, National Park ServiceDeborah Nordeen/Assistant Public Affairs Officer Everglades National Park, カリフォルニア州政府観光局, ハワイ観光・コンベンション局, キューバ大使館 Cubanacan,S.A., Institute of North American & Atlantic Colonial History, Bermuda/Keith A.Forbes, メキシコ大使館観光部, メキシコ観光省, メキシコ政府観光局, Instituto Guatemalteco de Turismo, コスタリカ共和国観光省観光局, Instituto Costarricense de Turismo, National Parks Service, Nicaraguan Institute of Tourism (INTUR) /Diego Congote, ホンジュラス共和国大使館, STINASU Paramaribo Suriname/Arioene Vreedzaam, アルゼンチン大使館, SECRETARIA DE TURISMO PRESIDENCIA DE LA NACION, Tango Tour, エクアドル大使館, Craig C. Downer, President: Andean Tapir Fund/Sheryl Todd,The Tapir Gallery President, Tapir Preservation Fund, CORPORACION NATCIONAL DE TURISMO COLOMBIA, チリ大使館, Consejo de Monumentos Nacionales CHILE/Pamela Silva, ブラジル大使館, ブラジル連邦政府商工観光省観光局, ペルナンブコ州政府観光局, Goiania/GO-Brasil/Angela Blau (aka Chrisgel), EMBRATUR, ヴェネズエラ大使館, CORPORACION DE TURISMO, STINASU Paramaribo Suriname/Arioene Vreedzaam, ペルー大使館, ボリビア大使館, SECRETARIA NACIONAL DE TURISMO, 古田陽久

表紙写真　上　ユングフラウ山（スイス）, 下　ウィーン歴史地区　聖シュテファン大聖堂（オーストリア）

123

〈監修者プロフィール〉

古田 真美（ふるた まみ）／FURUTA Mami
シンクタンクせとうち総合研究機構　事務局長　兼　世界遺産総合研究センター　事務局長

1954年広島県生まれ。1977年青山学院大学文学部史学科卒業。ひろしま女性大学、総理府国政モニターなどを経て現職。毎日新聞社主催毎日郷土提言賞優秀賞受賞、広島県事業評価監視委員会委員、広島県景観審議会委員、広島県放置艇対策あり方検討会委員、ＮＨＫ視聴者会議委員などを歴任。ロンドン、パリ、ブリッセル、アントワープ、ブリュージュ、ナミュール、ルクセンブルグ、ウィズバーデン、フランクフルト、メッセル、モスクワ、北京、上海、杭州、蘇州、南京、無錫、大連、旅順、ソウル、水原、慶州、釜山、ケアンズ、ブリスベン、シドニー、バンクーバー、カルガリー、バンフ、トロントなど国内外諸都市を取材などで歴訪。1998年9月に世界遺産研究センター（現　世界遺産総合研究センター）を2001年1月に21世紀総合研究所を設置（事務局長兼務）。

専門研究分野　景観美学、都市文化、アンケート調査分析、世界遺産研究、口承・無形遺産、歴史地理、環境教育
講演　福山人材塾、広島ロータリークラブほか
講座・セミナー　豊中市立庄内公民館　春の公民館講座「世界遺産入門～守るべき美しい自然と文化～」、東京都中野区もみじ山文化セミナー「世界遺産～世界遺産学のすすめ～」ほか
シンポジウム　「広島県・愛媛県広域交流セミナー」（パネリスト・コメンテーター）
テレビ出演　東海テレビ「NEXT21」～次代への挑戦者たち～」（ゲスト出演）
論文　「西瀬戸自動車道（現　瀬戸内しまなみ海道）沿線の地域づくり」、㈶余暇開発センター「月刊ロアジール」、「世界遺産地の光と影」ほか
編著書　「世界遺産入門」、「環瀬戸内からの発想」（共著）、「日本列島・21世紀への構図」（編著）、「全国47都道府県誇れる郷土データ・ブック」、「環瀬戸内海エリア・データブック」、「世界遺産データ・ブック」、「日本の世界遺産ガイド」（共編）、「環日本海エリア・ガイド」、「誇れる郷土ガイド－東日本編－」、「誇れる郷土ガイド－西日本編－」、「日本ふるさと百科」、「誇れる郷土ガイド－口承・無形遺産編－」、「誇れる郷土ガイド－北海道・東北編－」、「誇れる郷土ガイド－関東編－」、「誇れる郷土ガイド－近畿編－」、「世界遺産ガイド－日本編 2001改訂版－」、「世界遺産ガイド－アジア・太平洋編－」、「世界遺産ガイド－中東編－」、「世界遺産ガイド－西欧編－」、「世界遺産ガイド－北欧・東欧・CIS編－」、「世界遺産ガイド－アフリカ編－」、「世界遺産ガイド－アメリカ編－」、「世界遺産ガイド－自然遺産編－」、「世界遺産ガイド－文化遺産編－Ⅰ遺跡」、「世界遺産ガイド－文化遺産編－Ⅱ.建造物」、「世界遺産ガイド－文化遺産編－Ⅲ.モニュメント」、「世界遺産ガイド－複合遺産編－」、「世界遺産ガイド－危機遺産編－」、「世界遺産ガイド－建築編－」、「世界遺産ガイド－産業・技術編－」、「世界遺産ガイド－名勝・景観地編－」、「世界遺産ガイド－世界遺産条約編－」、「世界遺産マップス」、「世界遺産フォトス」、「世界遺産事典」、「世界遺産Q&A」（監修）
調査ース　「世界遺産にしたい日本の自然遺産と文化遺産に関するアンケート」、「全国の世界遺産登録に向けての動向調査」
エッセイ　「かけがえのない世界遺産～地球と人類の至宝～」（TAKARAZUKA阪急電鉄）

世界遺産フォトス　－第2集　多様な世界遺産－

2002年（平成14年）1月1日 初版 第1刷

監　　修	古田真美
企画・構成	21世紀総合研究所
編　　集	世界遺産総合研究センター
発　　行	シンクタンクせとうち総合研究機構 ©
	〒733-0844
	広島市西区井口台3丁目37番3-1110号
	℡&FAX　082-278-2701
	郵 便 振 替　01340-0-30375
	電子メール　sri@orange.ocn.ne.jp
	インターネット　http://www.dango.ne.jp/sri/
	出版社コード　916208
印刷・製本	図書印刷株式会社

ⓒ本書の内容を複写、複製、引用、転載される場合には、必ず、事前にご連絡下さい。
Complied and Printed in Japan, 2002　ISBN4-916208-50-1 C1525 Y2000E

発行図書のご案内

世界遺産シリーズ

世界遺産シリーズ　★(社)日本図書館協会選定図書
世界遺産事典　－関連用語と全物件プロフィール－　2001改訂版
世界遺産総合研究センター編　ISBN4-916208-49-8　本体2000円　2001年8月

世界遺産シリーズ　★(社)日本図書館協会選定図書　☆全国学校図書館協議会選定図書
世界遺産フォトス　－写真で見るユネスコの世界遺産－
世界遺産研究センター編　ISBN4-916208-22-6　本体1905円　1999年8月

世界遺産シリーズ
世界遺産フォトス　－第2集　多様な世界遺産－
世界遺産総合研究センター編　ISBN4-916208-50-1　本体2000円　2002年1月

世界遺産シリーズ　★(社)日本図書館協会選定図書
世界遺産入門　－地球と人類の至宝－
古田陽久　古田真美　共著　ISBN4-916208-12-9　本体1429円　1998年4月

世界遺産シリーズ
世界遺産学入門　－もっと知りたい世界遺産－
古田陽久　古田真美　共著　ISBN4-916208-52-8　本体2000円　2002年2月

世界遺産シリーズ　★(社)日本図書館協会選定図書　☆全国学校図書館協議会選定図書
世界遺産マップス　－地図で見るユネスコの世界遺産－　2001改訂版
世界遺産研究センター編　ISBN4-916208-38-2　本体2000円　2001年1月

世界遺産シリーズ　★(社)日本図書館協会選定図書
世界遺産Q&A　－世界遺産の基礎知識－　2001改訂版
世界遺産総合研究センター編　ISBN4-916208-47-1　本体2000円　2001年9月

世界遺産シリーズ　★(社)日本図書館協会選定図書
世界遺産ガイド　－自然遺産編－
世界遺産研究センター編　ISBN4-916208-20-X　本体1905円　1999年1月

世界遺産シリーズ　★(社)日本図書館協会選定図書　☆全国学校図書館協議会選定図書
世界遺産ガイド　－文化遺産編－　Ⅰ遺跡
世界遺産研究センター編　ISBN4-916208-32-3　本体2000円　2000年8月

世界遺産シリーズ　★(社)日本図書館協会選定図書　☆全国学校図書館協議会選定図書
世界遺産ガイド　－文化遺産編－　Ⅱ建造物
世界遺産研究センター編　ISBN4-916208-33-1　本体2000円　2000年9月

世界遺産シリーズ　★(社)日本図書館協会選定図書　☆全国学校図書館協議会選定図書
世界遺産ガイド　－文化遺産編－　Ⅲモニュメント
世界遺産研究センター編　ISBN4-916208-35-8　本体2000円　2000年10月

世界遺産シリーズ
世界遺産ガイド　－文化遺産編－　Ⅳ文化的景観
世界遺産総合研究センター編　ISBN4-916208-53-6　本体2000円　2002年1月

世界遺産シリーズ

世界遺産シリーズ　★(社)日本図書館協会選定図書　☆全国学校図書館協議会選定図書
世界遺産ガイド　－複合遺産編－
世界遺産総合研究センター編　ISBN4-916208-43-9　本体2000円　2001年4月

世界遺産シリーズ　★(社)日本図書館協会選定図書
世界遺産ガイド　－危機遺産編－
世界遺産総合研究センター編　ISBN4-916208-45-5　本体2000円　2001年7月

世界遺産シリーズ　★(社)日本図書館協会選定図書　☆全国学校図書館協議会選定図書
世界遺産ガイド　－世界遺産条約編－
世界遺産研究センター編　ISBN4-916208-34-X　本体2000円　2000年7月

世界遺産シリーズ　★(社)日本図書館協会選定図書　☆全国学校図書館協議会選定図書
世界遺産ガイド　－日本編－　2001改訂版
世界遺産研究センター編　ISBN4-916208-36-6　本体2000円　2001年1月

世界遺産シリーズ　★(社)日本図書館協会選定図書
世界遺産ガイド　－アジア・太平洋編－
世界遺産研究センター編　ISBN4-916208-19-6　本体1905円　1999年3月

世界遺産シリーズ　★(社)日本図書館協会選定図書　☆全国学校図書館協議会選定図書
世界遺産ガイド　－中東編－
世界遺産研究センター編　ISBN4-916208-30-7　本体2000円　2000年7月

世界遺産シリーズ　★(社)日本図書館協会選定図書　☆全国学校図書館協議会選定図書
世界遺産ガイド　－西欧編－
世界遺産研究センター編　ISBN4-916208-29-3　本体2000円　2000年4月

世界遺産シリーズ　★(社)日本図書館協会選定図書　☆全国学校図書館協議会選定図書
世界遺産ガイド　－北欧・東欧・ＣＩＳ編－
世界遺産研究センター編　ISBN4-916208-28-5　本体2000円　2000年4月

世界遺産シリーズ　★(社)日本図書館協会選定図書
世界遺産ガイド　－アフリカ編－
世界遺産研究センター編　ISBN4-916208-27-7　本体2000円　2000年3月

世界遺産シリーズ　★(社)日本図書館協会選定図書
世界遺産ガイド　－アメリカ編－
世界遺産研究センター編　ISBN4-916208-21-8　本体1905円　1999年6月

世界遺産シリーズ　★(社)日本図書館協会選定図書　☆全国学校図書館協議会選定図書
世界遺産ガイド　－都市・建築編－
世界遺産研究センター編　ISBN4-916208-39-0　本体2000円　2001年2月

世界遺産シリーズ　★(社)日本図書館協会選定図書　☆全国学校図書館協議会選定図書
世界遺産ガイド　－産業・技術編－
世界遺産研究センター編　ISBN4-916208-40-4　本体2000円　2001年3月

世界遺産シリーズ　★(社)日本図書館協会選定図書
世界遺産ガイド　－名勝・景勝地編－
世界遺産研究センター編　ISBN4-916208-41-2　本体2000円　2001年3月

世界遺産シリーズ

世界遺産データ・ブック

世界遺産シリーズ
世界遺産データ・ブック －2002年版－
世界遺産総合研究センター編　　ISBN4-916208-51-X　本体2000円　2002年1月

世界遺産シリーズ　　★(社)日本図書館協会選定図書　☆全国学校図書館協議会選定図書
世界遺産データ・ブック －2001年版－
世界遺産研究センター編　　ISBN4-916208-37-4　本体2000円　2001年1月

世界遺産シリーズ　　★(社)日本図書館協会選定図書　☆全国学校図書館協議会選定図書
世界遺産データ・ブック －2000年版－
世界遺産研究センター編　　ISBN4-916208-26-9　本体2000円　2000年1月

世界遺産シリーズ　　★(社)日本図書館協会選定図書　☆全国学校図書館協議会選定図書
世界遺産データ・ブック －1999年版－
世界遺産研究センター編　　ISBN4-916208-18-8　本体1905円　1999年1月

世界遺産シリーズ　　★(社)日本図書館協会選定図書　☆全国学校図書館協議会選定図書
世界遺産データ・ブック －1998年版－
シンクタンクせとうち総合研究機構編　ISBN4-916208-13-7　本体1429円　1998年2月

世界遺産シリーズ　　★(社)日本図書館協会選定図書　☆全国学校図書館協議会選定図書
世界遺産データ・ブック －1997年版－
シンクタンクせとうち総合研究機構編　ISBN4-9900145-8-8　本体1456円　1996年12月

世界遺産シリーズ　　★(社)日本図書館協会選定図書　☆全国学校図書館協議会選定図書
世界遺産データ・ブック －1995年版－
河野祥宣編著　　ISBN4-9900145-5-3　本体2427円　1995年11月

日本の世界遺産

世界遺産シリーズ
世界遺産ガイド －日本編－　II.保存と活用
世界遺産総合研究センター編　　ISBN4-916208-54-4　本体2000円　2001年2月

世界遺産シリーズ　　★(社)日本図書館協会選定図書　☆全国学校図書館協議会選定図書
世界遺産ガイド －日本編－　2001改訂版
世界遺産研究センター編　　ISBN4-916208-36-6　本体2000円　2001年1月

世界遺産シリーズ　　★(社)日本図書館協会選定図書　☆全国学校図書館協議会選定図書
世界遺産ガイド －日本編－
世界遺産研究センター編　　ISBN4-916208-17-X　本体1905円　1999年1月

世界遺産シリーズ　　★(社)日本図書館協会選定図書　☆全国学校図書館協議会選定図書
日本の世界遺産ガイド －1997年版－
シンクタンクせとうち総合研究機構編　ISBN4-9900145-9-6　本体1262円　1997年3月

ふるさとシリーズ

☆全国学校図書館協議会選定図書
誇れる郷土ガイド　－東日本編－
シンクタンクせとうち総合研究機構編　ISBN4-916208-24-2　本体1905円　1999年12月

☆全国学校図書館協議会選定図書
誇れる郷土ガイド　－西日本編－
シンクタンクせとうち総合研究機構編　ISBN4-916208-25-0　本体1905円　2000年1月

環日本海エリア・ガイド
シンクタンクせとうち総合研究機構編　ISBN4-916208-31-5　本体2000円　2000年6月

西日本2府15県　　　　★(社)日本図書館協会選定図書
環瀬戸内海エリア・データブック
シンクタンクせとうち総合研究機構編　ISBN4-9900145-7-X　本体1456円　1996年10月

誇れる郷土データ・ブック　－1996～97年版－
シンクタンクせとうち総合研究機構編　ISBN4-9900145-6-1　本体1262円　1996年6月

日本ふるさと百科　－データで見るわたしたちの郷土－
シンクタンクせとうち総合研究機構編　ISBN4-916208-11-0　本体1429円　1997年12月

スーパー情報源　－就職・起業・独立編－
シンクタンクせとうち総合研究機構編　ISBN4-916208-16-1　本体1500円　1998年8月

誇れる郷土ガイド　－口承・無形遺産編－
シンクタンクせとうち総合研究機構編　ISBN4-916208-44-7　本体2000円　2001年6月

誇れる郷土ガイド　－北海道・東北編－
シンクタンクせとうち総合研究機構編　ISBN4-916208-42-0　本体2000円　2001年5月

誇れる郷土ガイド　－関東編－
シンクタンクせとうち総合研究機構編　ISBN4-916208-48-X　本体2000円　2001年11月

誇れる郷土ガイド　－近畿編－
シンクタンクせとうち総合研究機構編　ISBN4-916208-46-3　本体2000円　2001年10月

以下続刊予定
本体各2000円
誇れる郷土ガイド　－中部編－
誇れる郷土ガイド　－中国・四国編－
誇れる郷土ガイド　－九州・沖縄編－

地球と人類の21世紀に貢献する総合データバンク
シンクタンクせとうち総合研究機構
事務局　〒733-0844　広島市西区井口台三丁目37番3-1110号
書籍のご注文専用ファックスFAX082-278-2701　電子メールsri@orange.ocn.ne.jp
※シリーズや年度版の定期予約は、当シンクタンク事務局迄お申し込み下さい。